煤层气藏水力压裂网状裂缝
形成机理及扩展规律

姜婷婷　任高峰　张建华　著

WUHAN UNIVERSITY PRESS

武汉大学出版社

图书在版编目(CIP)数据

煤层气藏水力压裂网状裂缝形成机理及扩展规律/姜婷婷,任高峰,张建华著.—武汉:武汉大学出版社,2019.3
ISBN 978-7-307-20771-4

Ⅰ.煤…　Ⅱ.①姜…　②任…　③张…　Ⅲ.煤层—地下气化煤气—水力压裂—压裂裂缝—研究　Ⅳ.P618.11

中国版本图书馆 CIP 数据核字(2019)第 036559 号

责任编辑:郭　芳　　　责任校对:邓　瑶　　　装帧设计:王丽君

出版发行:**武汉大学出版社**　(430072　武昌　珞珈山)
(电子邮箱:whu_publish@163.com　网址:www.stmpress.cn)
印刷:北京虎彩文化传播有限公司
开本:720×1000　1/16　　印张:10.5　　字数:209 千字
版次:2019 年 3 月第 1 版　　2019 年 3 月第 1 次印刷
ISBN 978-7-307-20771-4　　定价:89.00 元

前　言

　　煤层气作为一种赋存于煤层中的自生自储式非常规天然气,是煤的伴生矿产资源。我国煤层气资源丰富,埋深小于 2000m 的煤层气资源量高达 37 万亿立方米,超过了常规天然气的地质资源量,煤层气储量仅次于俄罗斯和美国。2016 年 12 月,国家能源局发布了《煤层气(煤矿瓦斯)开发利用"十三五"规划》,明确"十三五"期间,我国需建成 2～3 个煤层气产业化基地,2020 年煤层气抽采量达到 240 亿立方米,已经将煤层气开发上升到了国家战略。2017 年我国煤层气产量约为 70.2 亿立方米,仅为规划目标的 25%,远低于 2016 年美国煤层气产量的 290 亿立方米。2017 年全国天然气缺口超过 113 亿立方米,国内多个地区闹起了"气荒",给人们的生活和工业生产带来了巨大的负面影响。我国煤层气产量与其地质储量严重不匹配,显著滞后于国际发展水平,如何提高煤层气井开采效率和产量已经成为制约我国相关产业发展的技术瓶颈。

　　煤层气俗称"瓦斯",是煤矿开采中重要的危险源,已经造成多起严重的安全事故。2004 年 11 月 28 日,陕西省陈家山煤矿发生特大瓦斯爆炸事故,造成 166 人死亡,45 人受伤,直接经济损失高达 4165.9 万元。2009 年 2 月 22 日,山西省屯兰煤矿特别重大瓦斯爆炸事故,造成 78 人死亡,114 人受伤。2015 年 12 月 16 日,黑龙江省鹤岗市向阳煤矿发生瓦斯爆炸事故,造成 19 人死亡。2016 年 11 月 29 日,黑龙江省七台河市景有煤矿发生一起重大瓦斯爆炸事故,造成 21 名矿工遇难。2017 年 1 月 4 日,河南省登封市兴峪煤矿发生瓦斯突出事故,造成 5 人死亡,7 人被困。据统计,经过煤层气抽采后的煤矿井中瓦斯含量可以降低 70% 以上,降低瓦斯造成的安全事故 80% 以上。同时,煤层气作为一种清洁能源,已经在世界范围内得到广泛的使用。对煤层气资源的大力开发,可提高能源利用效率,减少我国对进口石油及天然气的依赖,降低燃煤造成的环境压力。

　　然而,煤层气藏较低的基质渗透率,使其往往不具备自然产能,必须依靠压裂增产等措施才能获得比较理想的产能,其中以增大储层改造体积的"水力压裂"技术为实现煤层气商业开发的关键。目前,国内煤层气开采还处于勘探评价阶段,其压裂开发的工艺技术以单井(先导井)试验研究为主,且基本上依靠国外经验,尚未形成自身的研究规模。多级压裂和重复压裂等技术已广泛地在致密砂岩气与页岩气等非常规天然气的开采中使用,可为煤层气开采提供技术支持。但由于缺乏对煤岩储层岩石力学特性的深入研究,在分段压裂技术、水平井钻完井技术、压裂效果评价和产能模拟等方面都与美国存在较大差距。我国煤层气开采相对滞后,其主要原因是体积改造这一关键技术尚未攻破,它直接影响煤层气藏的开发效果。同时,煤岩储层的脆性特征、层理和裂隙发育程度、岩石物理力学性质等,对水力压裂效果的影响较大。在我国煤岩储层复杂地质构造条件的大背景下,如何实现煤层气高效、安全的开采至关重要。煤层气藏水力压裂复杂裂缝网络形成机理及裂缝扩展规律已成为学术界和工程界特别关注的问题。

本书针对煤层气藏水力压裂过程中裂缝起裂和扩展预测的难题,系统地开展模拟实际压裂条件下的煤岩力学参数试验,建立应力和渗流耦合条件下煤岩起裂判据,研究煤岩节理、层理和天然裂缝等对水力压裂过程中裂缝网络的影响规律,揭示水力压裂裂缝起裂和延伸的力学机理,实现对煤层气藏水力压裂裂缝网络几何尺寸和复杂程度的设计控制。研究成果可为现场施工提供技术参考和理论依据。

全书共 10 章。第 1 章主要介绍了煤岩力学性能参数、水力压裂、裂缝内流体流动和多分支水平井的研究现状。第 2 章针对不同区域煤岩储层力学性质各向异性特征差异显著,采用岩石力学试验系统对焦作煤矿某区块煤岩力学参数的各向异性进行研究,为后续研究提供所需的基础数据,初步探讨了形成复杂裂缝网络的地层条件。第 3 章建立了煤岩水力压裂裂缝起裂数学模型,实现数学模型的数值求解,研究了应力的非均匀性、注入压力、煤岩弹性模量以及压裂液黏度对水力压裂裂缝扩展的影响。第 4 章针对煤层气藏压裂效果评价困难等诸多技术难题,借鉴现场水力压裂技术经验,利用真三轴加载系统、泵压伺服控制系统和声发射空间定位监测系统,对裂缝的空间展布形态进行直接观测,揭示网状裂缝的形成机理,初步建立适合煤层气藏的水力压裂试验方案,为现场压裂施工技术参数的选取等提供技术支持。第 5~6 章针对层理性煤层水力压裂裂缝起裂及扩展过程较为复杂且影响因素较多,在考虑煤层非均质性和层理较发育的基础上,分析射孔完井条件下微裂缝的扩展规律,进一步揭示了网状裂缝的形成机理,探讨了影响微裂缝延伸形态的主控因素。第 7~8 章针对在煤岩储层中实施体积压裂还存在着是否可行的疑问,分别分析了直井和水平井对煤层区块实施体积压裂时水力压裂裂缝的扩展过程,为煤层气开采和缝网形态优化提供参考和借鉴。第 9 章基于对煤层气藏进行压裂改造的最终目的为提高产量,建立了压裂后煤层气井水-气两相渗流模型,探讨影响压裂井产量的主控因素,为煤层气资源的开发评价与压裂增产方案的优化提供基础依据。第 10 章建立了煤层气羽状水平井多段流动耦合模型,采用有限差分法求解并编制计算程序,分析了羽状水平井近井流场与沿程单位长度产量的分布规律,研究了影响渗流场分布形态和入流剖面规律的主要分支参数。

全书篇章结构由姜婷婷确定,编写分工为:姜婷婷(第 2 章,第 4~7 章,第 9~10

章),任高峰(第1章,第3章),张建华(第8章)。本书的研究工作获得了国家自然科学基金(51804236、51774220)和国家重点研发计划(2018YFC0808405)的资助。

由于作者水平有限,书中难免存在错误和不妥之处,恳请读者批评指正!

著　者

2018 年 12 月于武汉理工大学

目　　录

1 绪 论

煤层气作为一种赋存于煤层中的自生自储式非常规天然气,是煤的伴生矿产资源,已经受到越来越多国家的重视。我国煤层气资源丰富,埋深小于 2000m 的煤层气资源量为 36 万亿立方米,是继俄罗斯、加拿大之后的世界上第三大煤层气储量国,已经成为我国天然气气源的重要构成部分。随着国家相关政策的落实,我国煤层气勘探开发进入高速发展时期。2015 年国家能源局印发了《煤层气勘探开发行动计划》,更明确了到 2020 年将建成 3~4 个煤层气产业化基地、煤层气抽采量达到 400 亿立方米的具体目标。因此,煤层气开发在我国已经上升到了国家战略,正在形成一个新兴的产业。同时,煤层气的开发既能解决我国能源供应不足,又能有效降低煤矿开采中的事故和温室效应气体的排放。

水力压裂技术作为一种提高煤层气井产量和煤层气采收率的有效手段,已经得到越来越广泛的应用。目前,我国煤层气开采还处于勘探评估阶段,其压裂开发的工艺技术以单井试验研究为主,且基本上依靠国外经验,尚未形成较为成熟的理论和技术。体积压裂技术作为一种新的、高效压裂方法,已经在国外煤层气开发中得到广泛的推广和应用,该技术在我国致密页岩气等非常规天然气的开采中也已经开始使用。由于缺乏对煤层气藏岩石力学特征、起裂机理、裂缝扩展规律等方面的深入研究,体积压裂技术在我国煤层气开发中尚未大规模开展。因此,开展煤岩力学参数、煤层水力压裂裂缝扩展机理、压裂后产能预测等方面的研究对加快体积压裂技术在我国煤层气开发中的推广和应用具有重要意义。

1.1 煤岩力学性能参数研究

煤岩作为一种沉积岩,具有典型的层理结构特点,各向异性特征显著,导致煤岩垂直层理和平行层理方向的力学性质差异较大,其力学性能参数受到各向异性特征影响较大。岩体各向异性特征,很早就引起了国内外学者的重视。Lekhnitskii 早在 1963 年就发表了相关论著,提出了各向异性材料的弹性微分方程,为后续研究提供了理论基础。[1] 1968 年,Salamon 提出层状介质等效模型,认为五个

---

[1] Lekhnitskii S G. Theory of elasticity of an anisotropic body[M]. Moscow:Mir Publishers,1981.

独立弹性常数可表征横观各向同性体。[①]1982 年，Gerrard 将层状岩体简化为等效的均质正交弹性体，由弹性参数表示其特性。[②]1995 年，席道瑛等以广义胡克定律为基础推导了声波在横观各向异性材料中的传播速度计算公式并利用室内试验进行验证，指出砂岩变形特征与横观同性材料更为相符。[③]1999 年，Talesnick 和 Bloch-Friedman 利用三种不同的试验方法分别对均质铝、硬度较大的层状砂岩和各向同性的多孔石膏进行试验以比较不同试验方法在获得各向异性岩石材料参数之间的差异。[④] 2003 年，田象燕等利用 MTS 对砂岩和大理岩进行了单轴压缩试验，指出砂岩的强度各向异性要大于大理岩的、试样的强度各向异性随着含水饱和度的增加而增加。[⑤]2012 年，刘运思等通过对正团冲隧道围岩进行取样，研究了 7 种不同层理角度的板岩巴西劈裂试验破坏模式，表明板岩的弹性模量和泊松比受板岩的各向异性影响不显著。[⑥]同年，Kuruppu 等基于巴西劈裂和三点弯曲试验，用沿径向割缝的半圆盘代替圆柱形截面梁进行试验，研究了页岩断裂韧性的各向异性特征，试验条件包括：(1)割缝面、加载方向均与层理面垂直；(2)割缝面与层理面垂直但加载方向与层理面平行；(3)割缝面、层理面与加载面均平行。[⑦]他们给出了三种情况下页岩断裂韧性的理论表达式，并与数值计算结果进行了对比。2012 年，孙东生等采用液体压力脉冲法对砂岩进行了渗透性试验，结果表明不同平面内的渗透率表现出各向异性，砂岩三个方向的渗透率均与有效应力相关。[⑧]2013 年，俞然刚等对胜利油田所取的砂岩岩芯进行了室内试验，结果表明：静、动弹性模量各向异性系数与埋深无关。[⑨]2014 年，衡帅等分析了页岩抗剪强度的各向异性，得到以下结论：层理面的存在是造成页岩破裂形态与抗剪强度各向异性的根本原

① Salamon M D G. Elastic module of a stratified rock mass[J]. International Journal of Rock Mechanics and Mining Sciences & Geomechanics Abstracts, 1968,5(6):519-527.

② Gerrard C M. Equivalent elastic module of a rock mass consisting of orthorhombic layers[C]. International Journal of Rock Mechanics and Mining Sciences & Geomechanics Abstracts, 1982,19(1):9-14.

③ 席道瑛，陈林，张涛. 砂岩的变形各向异性[J]. 岩石力学与工程学报,1995,14(1):49-58.

④ Talesnick M L, Bloch-Friedman E A. Compatibility of different methodologies for the determination of elastic parameters of intact anisotropic rocks[J]. International Journal of Rock Mechanics and Mining Sciences,1999,36(7):919-940.

⑤ 田象燕，高尔根，白石羽. 饱和岩石的应变率效应和各向异性的机理探讨[J]. 岩石力学与工程学报,2003,22(11):1789-1792.

⑥ 刘运思，傅鹤林，饶军应，等. 不同层理方位影响下板岩各向异性巴西圆盘劈裂试验研究[J]. 岩石力学与工程学报,2012,31(4):785-791.

⑦ Kuruppu M D, Chong K P. Fracture toughness testing of brittle materials using semi-circular bend specimen[J]. Engineering Fracture Mechanics,2012,91:133-150.

⑧ 孙东生，李阿伟，王红才，等. 低渗砂岩储层渗透率各向异性规律的实验研究[J].2012,27(3):1101-1106.

⑨ 俞然刚，田勇. 砂岩岩石力学参数各向异性研究[J]. 实验力学,2013,28(3):368-375.

因。①陈天宇等利用扫描电镜和 MTS 岩石力学试验系统研究了不同层理角度对页岩的三轴压缩破坏强度和渗透率的影响规律,认为层理角度和围压对页岩破坏模式和渗透率各向异性影响较显著。②2015 年,侯振坤等对不同层理角度的页岩进行了电镜扫描和单轴压缩试验,结果表明页岩的微观结构与单轴压缩强度的各向异性特征显著。③同年,衡帅等通过开展切口与层理呈不同方位的圆柱形页岩试样的三点弯曲试验,分析了页岩断裂韧性的各向异性特征,并揭示了其断裂机制的各向异性,结果表明当切口沿层理时断裂韧性最小。④

相对于砂岩与页岩,煤岩的各向异性特征更为显著,各向异性对其力学性能参数的影响也一直是工程界和学术界的研究热点。1992 年,Hirt 等通过单轴抗压试验,对煤岩的抗压强度各向异性进行了研究。⑤1993 年,高文华通过分析煤的镜质组反射率各向异性,研究了矿区的构造应力。⑥2002 年,闫立宏等通过对杨庄煤矿 5 号和 6 号煤层进行大量抗拉测试,得到以下研究结果:(1)煤岩抗拉强度具有各向异性特征,垂直层理的抗拉强度显著大于平行层理的;(2)裂隙对抗拉强度影响较大;(3)煤的含水饱和度、变质程度和孔隙率在一定程度上对煤岩抗拉强度有影响。2003 年,闫立宏等通过套管致裂法,对煤岩的抗拉强度各向异性进行了研究。⑦2009 年,颜志丰通过巴西劈裂试验研究了煤岩抗拉强度的各向异性,分析了饱和吸水率和煤岩饱和密度对抗拉强度的影响。⑧赵海燕和宫伟力利用工业 CT 对煤岩进行断层扫描,建立了分形维数与渗透率、孔隙度各向异性间的关系。⑨2010 年,宫伟力等通过小波多尺度变换、图像分割和图像重建技术,对煤岩的微、细观结构各向异性进行了研究。⑩2012 年,李东会利用交错网格高阶有限差分地震数值模拟与 AVO 正演模拟相结合的方法,对煤层各向异性的地震波场特征和

① 衡帅,杨春和,曾义金,等.基于直剪试验的页岩强度各向异性研究[J].岩石力学与工程学报,2014,33(5):874-883.

② 陈天宇,冯夏庭,张希巍,等.黑色页岩力学特性及各向异性特性试验研究[J].岩石力学与工程学报,2014,33(9):1772-1779.

③ 侯振坤,杨春和,郭印同,等.单轴压缩下龙马溪组页岩各向异性特征研究[J].岩土力学,2015,36(9):2541-2550.

④ 衡帅,杨春和,郭印同,等.层理对页岩水力压裂裂缝扩展的影响研究[J].岩石力学与工程学报,2015,34(2):228-237.

⑤ Hirt A M,Shakoor A. Determination of unconfined compressive strength of coal for pillar design[J]. Mining Engineering,1992(8):1037-1041.

⑥ 高文华.煤镜质组反射率各向异性特征在构造应力场分析中的应用[J].1993,12(2):81-85.

⑦ 闫立宏,吴基文.淮北杨庄煤矿煤的抗拉强度试验研究与分析[J].煤炭科学技术,2002,30(5):39-41.

⑧ 颜志丰.山西晋城地区煤岩力学性质及煤储层压裂模拟研究[D].北京:中国地质大学,2009.

⑨ 赵海燕,宫伟力.基于图形分割的煤岩割理 CT 图像各向异性特征[J].煤田地质与勘探,2009,37(6):14-18.

⑩ 宫伟力,李晨.煤岩结构多尺寸各向异性特征的 SEM 图像分析[J].岩石力学与工程学报,2010,29(增1):2681-2689.

波传播规律进行了研究,指出各向异性系数与孔隙度、裂缝形态及充填物等有关。[1] 2013 年,刘恺德等通过室内试验研究了淮南矿区煤岩的各向异性特征,结果表明:(1)平行于层理面的抗拉强度明显大于垂直层理面的;(2)煤岩割理系统分布的方向性是造成力学特性各向异性的主要原因。[2] 2014 年,李玉伟对不同取芯方向的煤样分别开展了单轴及三轴、巴西劈裂、抗剪试验,结果表明:(1)由于存在大量的结构弱面,煤岩强度普遍偏低;(2)抗拉强度、抗剪强度、抗压强度与弹性模量均表现出明显的各向异性特征。[3] 2015 年,李丹琼等利用三轴渗透率试验与数值模拟相结合的方法,对煤样渗透率进行了研究,指出垂直层理方向的渗透率明显小于平行层理方向的。[4]

1.2　煤层水力压裂发展

与常规天然气储层相比,煤层气藏渗透率较低、吸附能力较强,为了使煤层气井获得较为经济的产量,必须对煤层气藏实施压裂等改造措施。水力压裂作为煤层气开发的核心技术之一,其主要方法是通过注入压裂液使煤层开裂并沟通天然裂缝,使储层产生高渗透路径,达到增产的目的。而水力压裂网状裂缝的形成机理及扩展形态预测还存在着一系列挑战。因此,水力压裂裂缝扩展预测与控制一直是煤层气藏开发中研究的热点和难点问题。

1.2.1　水力压裂裂缝起裂与扩展

1955 年,Khristianovitch 和 Zheltov 根据平面应变假设条件,建立了第一个水平井压裂裂缝扩展的平面模型。由于该模型用水平方向上的平面应变近似表示裂缝的扩展方向,导致裂缝沿着水平方向上的尺寸远小于其垂直方向扩展的尺寸。[5] 1961 年,Perkins 和 Kern 在平面应变假设基础上提出了早期 PKN 模型。该模型假定裂缝扩展限制在给定的油藏区域内,且裂缝长度方向上的尺寸要显著大于高度方向上的。他们认为裂缝扩展需要的能量要显著小于压裂液沿着裂缝流动所需的能量,垂直裂缝平面方向的裂缝扩展问题可以简化为平面应变问题,即裂缝高度

① 李东会.煤储层各向异性波场模拟与特征分析[D].徐州:中国矿业大学,2012.
② 刘恺德,刘泉声,朱元广,等.考虑层理方向效应煤岩巴西劈裂及单轴压缩试验研究[J].岩石力学与工程学报,2013,32(2):308-316.
③ 李玉伟.割理煤岩力学特性与压裂起裂机理研究[D].大庆:东北石油大学,2014.
④ 李丹琼,张士诚,张遂安,等.基于煤系渗透率各向异性测试的水平井穿层压裂效果模拟[J].石油学报,2015,36(8):988-994.
⑤ Khristianovich S A,Zheltov Y P. Formation of vertical fractures by means of highly viscous liquid [J]. The 4th World Petrol,1955(2):579-586.

为常数。由于不考虑流体沿着裂缝高度方向上的流动，则裂缝内流压是均匀分布的，裂缝的形状为椭圆形。

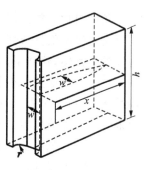

图 1-1 KGD 裂缝模型

1969 年，Geertsma 和 de Klerk 提出了著名的 KGD 模型，如图 1-1 所示。该模型假定裂缝沿着长度方向上的截面为一个矩形，同时认为压裂液在裂缝内有滤失，并做稳定的一维层流流动。[①]由于 KGD 模型简单且对于均质各向同性油藏、较长时间水力压裂作业时，预测得到的裂缝尺寸与实际监测值具有较高的吻合度，因此该模型在石油工业领域使用较为广泛。

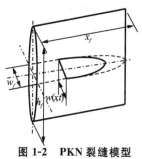

图 1-2 PKN 裂缝模型

1972 年，Nordgren 在考虑了流体滤失的基础上对 PKN 模型进行了改进与完善，最终形成了目前的 PKN 模型（图 1-2）。[②]该模型假定裂缝高度与缝长等参数无关且为常数；岩石为脆性材料，受外力作用产生线弹性应变；沿裂缝长度方向上的流动为线性层流流动。[③]

Detournay 等指出如果井筒流体渗透到地层，计算井筒附近的应力场一定要考虑孔隙弹性的影响，而当压裂液滤失到地层后，裂缝附近孔隙压力的升高会引起地层溶胀，进而使最小主应力增加。1981 年，黄荣樽认为裂缝的形成主要取决于井壁的应力状态，给出了垂直、水平裂缝的起裂判据；他认为确定及影响此应力状态的因素有地壳应力、地层孔隙压力、井内液体压力、压裂液向地层中的渗流流动以及被压裂地层的力学性质。[④] 1988 年，吴继周等在研究裂缝形态的过程中，认为裂缝为椭圆形，给出了裂缝宽度、压降与连续性方程。[⑤] 1991 年，Behrmann 等通过三轴试验系统进行了不同射孔、裂缝条件下的水力压裂试验，研究了影响裂缝起裂方位的主控因素。[⑥]1995 年，Valko 和 Economides 通过将 Carter Ⅱ 型公式引入 PKN 模型，实现 PKN 模型在预测水力压裂裂缝扩展过程中考虑物质平衡的影响。阳友奎等根据岩石断裂力学，认为水力压裂裂缝具有与缝内压

① Geertsma J, de Klerk F. A rapid method of predicting width and extent of hydraulically-induced fractures[J]. Journal of Petroleum Technology, 1969, 21(12): 1571-1581.

② Nordgren R P. Propagation of a vertical hydraulic fracture[J]. Society of Petroleum Engineers Journal, 1972(12): 306-314.

③ Detournay E, Cheng A. Plane strain analysis of a stationary hydraulic fracture in a poroelastic medium[J]. International Journal of Solids and Structures, 1991, 27(13): 1645-1662.

④ 黄荣樽. 水力压裂裂缝的起裂和扩展[J]. 石油勘探与开发, 1981, 5: 62-74.

⑤ 吴继周, 曲德斌, 孟宪军. 水力压裂裂缝几何形态数值模拟的研究[J]. 大庆石油学院学报, 1988, 12(4): 30-36.

⑥ Behrmann L A, Elbel J L. Effect of perforations on fracture initiation[J]. Journal of Petroleum Technology, 1991, 43(5): 608-615.

力无关的自扩展特征,给出了水力压裂裂缝内压力分布近似解。[①]1997年,申晋等在对王庄煤矿低渗透性3号煤层进行分析和评价过程中,将煤岩简化为均质、各向同性的弹性体,建立了低渗透煤岩水力压裂裂纹断裂扩展数学模型,对王庄煤矿低渗透性3号煤层注水进行了实例分析。[②] 同年,李同林认为压裂目的层为横观各向同性体,分析了水力压裂裂缝起裂机理,给出了裂缝形成的关键因素。[③] 2002年,邓金根等通过数值模拟方法研究了疏松砂岩压裂裂缝起裂与延伸规律,结果表明:水力压裂裂缝在最小地应力方位的炮孔处起裂;定向射孔可获得较为理想的人工裂缝。[④] 2003年,刘建军等建立了三维水力压裂模拟计算数学模型,给出了裂缝扩展的数值解法,并验证模型的正确性。[⑤] 2004年,邓金根等通过对22块致密砂岩试样进行了水力压裂室内试验,研究了射孔方位、炮孔排数和孔径等参数对地层破裂压力的影响,并根据试验结果对射孔参数进行了优化。[⑥] 2008年,连志龙在采用流固耦合模型模拟水力压裂裂缝扩展的过程中,将临界应力作为裂纹扩展准则,采用有限元软件对水力压裂裂缝扩展过程进行评价。[⑦] 同年,李玮等基于分形方法建立了裂纹分形模型下的岩石应力强度因子和缝宽方程,结果表明缝宽随着岩石断裂面分形维数的增加而增大。[⑧] 2010年,朱君等在对肇38-271井的三维水力压裂裂缝动态描述过程中,根据流固耦合与裂缝扩展动态效应,建立了模拟水力压裂三维裂缝动态扩展的力学模型,并采用有限元方法求解。[⑨] 2013年,冯彦军等根据最大拉应力准则,分析了任意方向裂缝起裂压力及起裂方向,结果表明裂缝起裂压力与地应力场分布密切相关。[⑩] 同年,赵金洲等基于弹性力学与岩石力学理论,建立了裂缝型地层中射孔与天然裂缝之间的位置关系对水力压裂裂缝起裂和扩展影响

① 阳友奎,肖长富,邱贤德,等.水力压裂裂缝形态与缝内压力分布[J].重庆大学学报:自然科学版,1995,18(3):20-26.

② 申晋,赵阳升,段康康.低渗透煤岩体水力压裂的数值模拟[J].煤炭学报,1997,22(6):580-585.

③ 李同林.煤岩层水力压裂造缝机理分析[J].天然气工业,1997,17(4):53-56.

④ 邓金根,王金凤,闫建华.弱固结砂岩气藏水力压裂裂缝延伸规律研究[J].岩土力学,2002,23(1):72-74.

⑤ 刘建军,冯夏庭,裴桂红.水力压裂三维数学模型研究[J].岩石力学与工程学报,2003,22(12):2042-2046.

⑥ 邓金根,蔚宝华,王金凤,等.定向射孔提高低渗透油藏水力压裂效率的模拟试验研究[J].石油钻探技术,2004,31(5):14-16.

⑦ 连志龙,张劲,吴恒安,等.水力压裂扩展的流固耦合数值模拟研究[J].岩土力学,2008,29(11):3021-3026.

⑧ 李玮,闫铁,毕雪亮.基于分形方法的水力压裂裂缝起裂扩展机理[J].中国石油大学学报:自然科学版,2008,32(5):87-91.

⑨ 朱君,叶鹏,王素玲,等.低渗透储层水力压裂三维裂缝动态扩展数值模拟[J].石油学报,2010,31(1):119-123.

⑩ 冯彦军,康红普.水力压裂起裂与扩展分析[J].岩石力学与工程学报,2013,32(增2):3169-3179.

的计算模型,研究了天然裂缝与水平地应力方位对起裂压力的影响。[①]

1.2.2 水力压裂试验

1991年,Hallam和Last进行了裸眼井及套管井压裂模拟试验,研究了不同井斜角和射孔方位角对裂缝起裂位置和扩展方向的影响,认为S形井眼轨迹更有利于水力压裂过程中天然裂缝与水力压裂裂缝间的连通。[②] 1994年,Abass等指出为保证孔眼与地层裂缝间的连通性,应保持相位角为180°,射孔方位与最优起裂面在30°范围内,裂缝扩展时能避免出现多裂缝、裂缝弯曲现象,且能增加裂缝宽度。1996年,Abass等通过水力压裂模拟试验研究了不同射孔方位时空间裂缝起裂和扩展规律,给出了形成平行裂缝簇、T形裂缝和转向裂缝的边界条件。

国内学者在水力压裂模拟试验方面也取得了较多成果。2007年,孙东生以滨南油田为地质背景,开展了室内水力压裂物理模拟试验,真实模拟了压裂曲线,研究了水力压裂后裂缝扩展方向,并将物理试验结果与数值模拟结果对比,揭示了定向射孔与地应力场状态对裂缝起裂及扩展方向的影响。[③] 2008年,陈勉等采用大尺寸真三轴水力压裂模拟试验系统研究了水平地应力差对水力压裂裂缝延伸形态的影响,结果表明:高水平地应力差时,储层内多形成主裂缝和多分支缝;而低水平地应力差时,多形成网状裂缝。[④] 2012年,杨焦生等利用水泥和天然煤岩制作完成了6块300mm×300mm×300mm试样,并对它们进行了模拟水力压裂试验以研究高煤阶煤岩的水力压裂裂缝扩展规律,研究表明:煤层与隔层间的物性差异对水力压裂裂缝穿层的抑制作用不明显,决定水力压裂裂缝能否穿层的主要因素为界面性质和垂向压应力。[⑤] 2013年,程远方等通过对煤岩试样进行真三轴水力压裂试验获得其相应的力学性能参数,研究了垂直裂缝、水平裂缝与复杂裂缝间的转换条件,并给出判断依据。[⑥]张旭等利用声发射检测系统分析了页岩压裂裂缝的产生与扩展演化过程,结果表明:较低的压裂液黏度与地应力差异系数有利于水力压裂裂缝沿天然裂缝方向延伸,最终形成网络裂缝。[⑦]孙东生等通过对某煤矿11-2煤层试样进行模拟水力压裂试验,试验结果表明水力压裂后煤层的透气性提高了

① 赵金洲,任岚,胡永全,等.裂缝性地层水力压裂裂缝张性起裂压力分析[J].岩石力学与工程学报,2013,32(增1):2855-2862.

② Hallam S D,Last N C. Geometry of hydraulic fracture from modestly deviated wellbores[J]. Journal of Petroleum Technology,1991,43(6):742-748.

③ 孙东生.滨南油田水力压裂模拟试验研究[D].北京:中国地质科学院,2007.

④ 陈勉,周健,金衍.随机裂缝性储层压裂特征实验研究[J].石油学报,2008,29(3):431-434.

⑤ 杨焦生,王一兵,李安启,等.煤岩水力压裂裂缝扩展规律试验研究[J].煤炭学报,2012,37(1):73-77.

⑥ 程远方,徐太双,吴百烈,等.煤岩水力压裂裂缝形态实验研究[J].天然气地球科学,2013,24(1):134-137.

⑦ 张旭,蒋廷学,贾长贵,等.页岩气储层水力压裂物理模拟试验研究[J].石油钻探技术,2013,41(2):70-74.

22.46 倍。[①] 2014 年,孙彪采用边长为 300mm 的大尺寸人工岩样,模拟了水力压裂施工作业,研究了压裂参数对压裂效果的影响。[②]雷毅通过对松软低透煤层进行水力压裂试验,获得以下结论:通过水力压裂,引起煤层局部区域孔隙率发生较大改变,煤层透气性系数提高了约 60 倍。[③] 2015 年,雷鑫等通过真三轴水力压裂模拟试验,研究了不同射孔数量、射孔深度与间距、水平应力场条件下致密砂岩气藏水力压裂裂缝起裂与扩展规律,结果表明:通过多射孔可增加裂缝数量,提高改造体积;低水平应力差时,要避免射孔间距过小造成的缝间干扰。[④]

1.2.3 水力压裂裂缝形态

国内外学者对岩石水力压裂复杂裂缝延伸形态进行了大量的研究。1987—1991 年,Warpinski 等通过试验研究了层理、节理和断层对水力压裂裂缝扩展的影响,试验中裂缝转向、分叉和多分支裂缝延伸的现象较明显,并归纳出不同类型裂缝的扩展规律。[⑤]2004 年,Arnaud 等以裂缝交点或端点为基础,提出了离散缝网模型的求解方法。2005 年,Potluri 等探索了天然裂缝对水力压裂裂缝延伸的影响,采用 Warpinski 和 Teufel 准则判断了裂缝间的相互作用,研究了逼近角、水平地应力差、天然裂缝中流体压力分布和裂缝强度对水力压裂裂缝延伸模式的影响。同年,Zhang 等基于"水力压裂裂缝与天然裂缝垂直相交后沿天然裂缝扩展"的假定,分析了水力压裂裂缝与天然裂缝相交前的扩展规律,采用边界元模型研究了两者的相交作用,结果表明:相交作用可能会引起天然裂缝的开启或天然裂缝内的摩擦滑移。2008 年,Akulich 等通过将地层假设为一个无限大不可渗透的弹性介质,建立了水力压裂裂缝与已有裂缝间相互作用的平面应变数值模拟计算模型,研究了水力压裂裂缝的扩展规律。[⑥] 2011 年,Chuprakov 等揭示了天然裂缝与水力压裂裂缝相交的物理机制,指出用地应力差、缝内净压力、天然裂缝面摩擦系数和相交角四个无因次参数即可控制裂缝间的相互接触。[⑦]

2009 年,雷群等提出了低孔、低渗储层的"缝网压裂"技术,研究了缝内净压力

① 孙东生,刘健,蔡文鹏,等.高瓦斯低透气性煤层水力压裂技术的试验研究[J].中国安全生产科学技术,2013,9(9):49-53.

② 孙彪.页岩气储层水平井水力压裂物理模拟试验研究[D].北京:中国地质大学,2014.

③ 雷毅.松软煤层井下水力压裂致裂机理及应用研究[D].北京:煤炭科学研究总院开采设计研究分院,2014.

④ 雷鑫,张士诚,许国庆,等.射孔对致密砂岩气藏水力压裂裂缝起裂与扩展的影响[J].东北石油大学学报,2015,39(2):94-101.

⑤ Warpinski N R. Hydraulic fracturing in tight,fissured media[J]. Transactions of the American Institute of Mining,Metallurgical and Petroleum Engineers,1991(43):146-152.

⑥ Akulich A V,Zvyagin A V. Interaction between hydraulic and natural fractures[J]. Fluid Dynamics,2008,43(3):428-435.

⑦ Chuprakov D A,Akulich A V,Siebrits E,et al. Hydraulic-fracture propagation in a naturally fractured reservoir[J]. SPE Production & Operations,2011,26(1):88-97.

与储层水平地应力差之间的关系,给出了裂缝转向形成网状裂缝的临界条件。[1] 2010 年,陈作等结合美国页岩气藏体积改造实践与裂缝监测结果,给出了储层满足体积改造的条件。[2] 2011 年,陈守雨等分析了水力压裂网状裂缝的形成条件,给出了影响裂缝网形成的参数,并指出充分连通已有裂缝和新裂缝并形成缝网可以有效增加产量、延长稳产时间。[3] 2013 年,李宪文等探索了鄂尔多斯盆地致密油藏内实施体积压裂的可行性,研究了体积压裂工艺设计模式与缝网形态。[4] 胡永全等根据北美页岩气藏的地质力学特征,指出控制水力压裂过程中缝网形成的控制因素,包括:岩石脆性指数、发育良好的结构弱面、低水平地应力差和低黏度压裂液。[5] 2014 年,侯冰等基于页岩水力压裂模拟试验,分析了水力压裂裂缝扩展规律,研究了地质及工程因素对裂缝形态的影响,结果表明:地应力差、水力压裂裂缝与层理面的距离、页岩脆性矿物含量、压裂液黏度与排量均是影响裂缝网络形成的主要因素。[6] 2015 年,郭鹏等以致密砂岩气藏-鄂尔多斯盆地苏 53 区块为例,研究了体积压裂过程中引导裂纹、天然裂缝和围压等对裂缝扩展形态的影响。[7]

　　煤岩水力压裂复杂裂缝形态研究方面,也形成了一些研究成果。2011 年,魏宏超建立了同层压裂多裂缝模型,分析了影响煤岩水力压裂裂缝形态的众多因素。[8] 2013 年,李玉伟等将煤岩割理简化为裂缝,利用裂缝张性断裂和剪切破坏准则,分析了煤层水力压裂形成缝网的力学条件,研究表明:随着贯通裂缝倾角的增加,缝内临界净压力呈周期性变化;裂缝壁面内摩擦系数对缝内临界净压力最小值影响较大,但对缝内临界净压力最大值无明显影响。[9] 2014 年,陈冲等通过岩石力学真三轴试验系统,对煤岩水力压裂裂缝扩展进行研究,结果表明:储层地应力差值越小,越容易形成复杂裂缝;煤岩强度、基质渗透率、天然裂缝分布均是影响简单

　　① 雷群,胥云,蒋廷学,等.用于提高低-特低渗透油气藏改造效果的缝网压裂技术[J].石油学报,2009,30(2):237-241.

　　② 陈作,薛承瑾,蒋廷学,等.页岩气井体积压裂技术在我国的应用建议[J].天然气工业,2010,30(10):30-32.

　　③ 陈守雨,刘建伟,龚万兴,等.裂缝性储层缝网压裂技术研究及应用[J].石油钻采工艺,2011,32(6):67-71.

　　④ 李宪文,张矿生,樊凤玲,等.鄂尔多斯盆地低压致密油层体积压裂探索研究及试验[J].石油天然气学报,2013,35(3):142-146,152.

　　⑤ 胡永全,贾锁刚,赵金洲,等.缝网压裂控制条件研究[J].西南石油大学学报:自然科学版,2013,35(4):126-132.

　　⑥ 侯冰,陈勉,李志猛,等.页岩储集层水力压裂裂缝网络扩展规模评价方法[J].石油勘探与开发,2014,41(6):763-768.

　　⑦ 郭鹏,姚磊华,任德生.体积压裂裂缝分布扩展规律及压裂效果分析——以鄂尔多斯盆地苏 53 区块为例[J].科学技术与工程,2015,15(24):46-51.

　　⑧ 魏宏超.煤层气井水力压裂多裂缝理论与酸化改造探索[D].北京:中国地质大学,2011.

　　⑨ 李玉伟,艾池,于千,等.煤层水力压裂网状裂缝形成条件分析[J].特种油气藏,2013,20(4):99-101.

裂缝向复杂缝网转变的重要因素。[①] 2015 年，蔡儒帅研究了单条天然裂缝对煤层水力压裂裂缝形态的影响，结果表明：天然裂缝角度为 30°～60°时，更易产生复杂的无序裂缝；应力差较低或较高时，裂缝更易发生转向。[②]同年，林英松等基于体积压裂在页岩气开发中的成功应用，研究了体积压裂技术在煤层气藏中的适应性，并对压裂施工提出建设性的建议。[③]

1.3 裂缝内流体流动规律

裂缝内流体流动规律既是一个复杂的科学问题，也是精确预测油气（煤层气）井产能关键因素，国内外学者对该问题进行了大量的研究。1965 年，Snow 基于 Navier-Stocks 方程建立了理想、单一裂缝中理想流体渗流计算公式，成为描述岩石裂隙中流体流动的基础。1967 年，Batchelor 通过将 Navier-Stocks 方程分解为三个非线性偏微分方程，建立了粗糙裂缝中流体流动的计算模型。由于该方程组求解过程较为复杂，一般在使用该公式时，只考虑流体沿着裂缝的一维流动。1968 年，Schlichting 建立了简化后的裂缝内流体流动计算模型，该模型将裂缝形状简化为一个带喉道的通道，认为整个裂缝内流体流动速度和形态（层流、紊流）受到喉道尺寸与裂缝最大尺寸之比的控制。1983 年，Hasegawa 和 Izuchi 将裂缝简化为一个平板和一个正弦面，发展了粗糙裂缝中流体流动计算模型。[④] 1991 年，Zimmerman 等采用润滑理论研究了压裂形成的内壁粗糙裂缝中流体流动规律，他们指出该模型适用于流体雷诺数较低的情况，并对裂缝表面形状呈现正弦分布规律时的流体流动规律进行了详细分析，研究了不同因素对裂缝中流体流动影响的变化规律。[⑤] 1996 年，Zimmerman 和 Bodvarsson 对岩体中裂缝导水率的研究现状进行了全面综述，认为立方定律仅能够适用于理想裂缝，Navier-Stokes 公式求解困难不具有普遍适用性；Hele-Shaw 公式能够降低求解过程中的困难，但是只能适用于某些特殊条件下的裂缝中流体流动问题。[⑥] 2005 年，Azzan 等利用表面光度仪对一块二叠纪砂岩复制品中的裂缝进行测量，以建立相应的数值模拟计算模型，对裂缝中流体流动试验结果进行验证。他们指出当雷诺数较低时，采用 Navier-Stokes 方

---

① 陈冲，马来功，庄晓杰. 煤岩压裂复杂缝网与简单裂缝转换规律研究[J]. 山东煤炭科技，2014(7)：201-203，208.

② 蔡儒帅. 煤岩层水力压裂裂缝扩展[D]. 成都：西南石油大学，2015.

③ 林英松，韩帅，周雪，等. 体积压裂技术在煤层气开采中的适应性研究[J]. 西部探矿工程，2015(4)：59-61，66.

④ Hasegawa E，Izuchi H. On the steady flow through a channel consisting of an uneven wall and a plane wall[J]. Bull. Jap. Soc. Mech. Eng. ，1983(26)：514-520.

⑤ Zimmerman R W，Kumar S，Bodvarsson G S. Lubrication theory analysis of the permeability of rough-walled fractures[J]. Rock Mech. ，1991(28)：325-331.

⑥ Zimmerman R W，Bodvarsson G S. Hydraulic conductivity of rock fractures[J]. Porous Media，1996(23)：1-30.

程数值解得到的计算结果比润滑模型的更加接近试验结果;润滑模型预测结果和试验结果间的误差与裂缝表面粗糙程度成正比。[①] 2008 年,Giacomini 等研究了含有节理岩石在受到剪切应力作用下流体各向异性流动特性,并将裂缝表面微尺度的粗糙度通过渗透率折减的方式来描述其对流体流动的影响。[②] 2011 年,Vilarrasa等研究发现剪切导致的裂缝导水性产生各向异性,并使得流体和支撑剂沿着垂直剪切应力方向上流动速度显著增加。同时,他们指出剪切引起的裂缝不仅可以增加原有裂缝水平向还能增加垂直向的连通性,该发现为水力压裂过程中缝网的形成和控制提供了新的理论依据和方法。[③] 2014 年,Dimaki 等提出了一种用于模拟多孔介质中饱和流体流动的数值方法。该方法可以采用显式计算方法实现对弹性变形、剪胀和岩体骨架开裂以及流体压力变化等参数的描述,计算结果表明孔隙中的流体主要由岩体骨架材料的弹塑性参数决定。[④]

国内学者在该领域也做了大量研究。1995 年,速宝玉等通过室内模型试验研究了裂缝表面粗糙度对裂缝内流体渗流规律的影响,提出了天然粗糙裂隙渗流计算的经验公式。[⑤] 2003 年,周新桂等通过对我国油藏储层构造裂缝定量预测与油气渗流规律研究进行综述,认为裂缝中的流体渗流规律主要受控于构造应力场和储层岩石物理性质的非均质性。[⑥] 2006 年,郝明强通过对微裂缝性特低渗透油藏的储层物性特征、微观流动特征进行研究,指出单向渗流对径向渗流的优越性。[⑦] 2007 年,冯金德研究了裂缝性低渗透油藏的非线性渗流规律,建立了裂缝性非均质复合油藏渗流模型。[⑧] 2008 年,张允基于离散裂缝网络模型,研究了二维离散裂缝网络内微可压缩油水两相流动问题。[⑨] 2009 年,黄世军等采用势叠加原理和微元线汇理论,建立了鱼骨刺井多段流动耦合的近井渗流数学模型。[⑩] 2011 年,杨坚应用 Monte-Carlo 方法生成统计意义上等效的离散裂缝网络并对其简化物理模型进行几何离散,建立了微可压缩油-水两相流动的数值计算模型对裂缝性油藏中的

① Azzan H A,Chris C P,Carlos A G,et al. Navier-Stokes simulations of fluid flow through a rock fracture[J]. Geophysical Monograph Series,2005(162):55-64.

② Giacomini A,Buzzi O,Ferrero A M,et al. Numerical study of flow anisotropy within a single natural rock joint[J]. International Journal of Rock Mechanics & Mining Sciences,2008(45):47-58.

③ Vilarrasa V,Koyama T,Neretnieks I,et al. Shear-induced flow channels in a single rock fracture and their effect on solute transport[J]. Transp. Porous. Med. ,2011(87):503-523.

④ Dimaki A V,Shilko E V,Astafurov S V,et al. Simulation of deformation and fracture of fluid-saturated porous media with hybrid cellular automaton method[J]. Procedia Materials Science,2014(3):985-990.

⑤ 速宝玉,詹美礼,赵坚. 仿天然岩体裂隙渗流的实验研究[J]. 岩土工程学报,1995,17(5):19-24.

⑥ 周新桂,操成杰,袁嘉音. 储层构造裂缝定量预测与油气渗流规律研究现状和进展[J]. 地球科学进展,2003,18(3):398-404.

⑦ 郝明强. 微裂缝性低渗透油藏渗流特征研究[D]. 北京:中国科学院研究生院,2006.

⑧ 冯金德. 裂缝性低渗透油藏渗流理论及油藏工程应用研究[D]. 北京:中国石油大学(北京),2007.

⑨ 张允. 裂缝性油藏离散裂缝网络模型[D]. 青岛:中国石油大学(华东),2008.

⑩ 黄世军,程林松,赵凤兰. 基于多段流动耦合的鱼骨刺井近井渗流研究[J]. 武汉工业学院学报,2009,28(3):26-29.

油水渗流规律进行研究,并指出裂缝的存在对裂缝性油藏注水开发效果评价及注采井网的布置有着显著的影响。[①] 同年,程林松等基于势叠加与镜像反映原理,通过微元线汇思想,建立了裂缝性油藏水平井产能评价模型,该模型将渗流区域分为内外两区。[②] 2012年,刘应学等提出了结合地质科学和油藏工程数据来表征和研究低渗透裂缝性油藏特征的方法,定量研究了基质-裂缝之间的流体交换和产能动态。[③] 2014年,郑浩基于双重介质数模方法,详尽分析了裂缝性储层的渗流特性和驱替机理,并进行敏感性研究,得到了其对储层开发效果的影响,认为裂缝性油藏开发的关键是岩石的应力敏感性。[④]

1.4 多分支水平井研究现状

煤层气多分支水平井是集钻井、完井与增产措施于一体的新的钻井技术。与常规直井的钻井、射孔完井和水力压裂增产技术相比,多分支水平井开发技术规避了常规垂直井开发技术的地质局限性,具有以下明显的优越性:(1)提高了导流能力;(2)减少了对煤层的伤害;(3)增大解吸波及面积,沟通更多割理和裂隙;(4)单井产量高,资金回收快,经济效益好;(5)占地面积小。

高德利等推导出层流和紊流条件下的分支井眼长度和直径的约束方程,建立了多分支井井身结构模型,为煤层气藏多分支井优化设计提供理论基础。[⑤] 黄世军等基于多分支井的三维空间分布特征,建立了变质量管流与近井油藏地带流动耦合作用和各分支间干扰的任意平面多分支井产能评价模型。[⑥] 朱明等基于水电相似原理,研究了分支数、分支角度、模型电阻、注入井位置等参数对分支井产能的影响,分析了各个分支对油井产能的贡献。[⑦] 孟浩等认为储层渗透率、岩层厚度是影响产量的最重要因素,而多分支井的设计因素对页岩气井产能同样有较大的影响。[⑧] 张辉等建立了煤层气多分支井稳定渗流时的产能计算耦合模型,给出了模

① 杨坚,吕心瑞,李江龙,等.裂缝性油藏离散裂缝网格随机生成及数值模拟[J].油气地质与采收率,2011,18(6):74-77.

② 程林松,皮建,廉培庆,等.裂缝性油藏水平井产能计算方法[J].计算物理,2011,28(2):230-236.

③ 刘应学,汪益宁,许建红,等.裂缝性低渗透双重孔隙介质产能动态数值模拟[J].石油天然气学报,2012,34(3):127-131.

④ 郑浩,苏彦春,张迎春,等.裂缝性油藏渗流特征及驱替机理数值模拟研究[J].油气地质与采收率,2014,21(4):79-83.

⑤ 高德利,鲜保安.煤层气多分支井身结构设计模型研究[J].石油学报,2007(6):113-117.

⑥ 黄世军,程林松,赵凤兰,等.平面多分支产能评价新模型研究[J].油气井测试,2009(4):1-5.

⑦ 朱明,吴晓东,韩国庆,等.基于电模拟实验的多分支井产能研究[J].科学技术与工程,2012(9):2037-2040.

⑧ 孟浩,汪益宁,滕蔓.页岩气多分支水平井增产机理[J].油气田地面工程,2012,31(12):13-15.

型的求解方法,分析了多分支井形态参数对煤层气多分支井产能的影响规律。[①]
崔玉梅认为分支井的轨迹设计影响着钻井工程实施的成败,她将空间圆弧和直线
相结合,提出三维井眼轨迹优化方法,为分支井钻井提供可靠的理论指导。[②] 汪志
明等认为多分支井中分支井筒与主井筒入流存在相互干扰,分支井筒与主井筒夹
角对主井筒入流影响较大,分支数量、分支长度对多分支井产能影响显著,分支井
筒与主井筒夹角 90°时产能最大。[③] 油艳蕊等验证了多分支井可大大提高稠油油
藏采收率,该方法可与注蒸汽或化学药剂等方法相媲美,并且显著降低了生产成
本。[④] 张福东和吴晓东研究了煤层气藏多分支井的分支角度、分支间距和分支长
度对产能的影响,认为多分支井筒应垂直于最大主渗透率方向,产气量随分支长度
的增加而提高;对于给定的煤层气藏,存在一个最优的分支间距。[⑤] 席长丰等考虑
气水两相流动、多组分气体吸附、煤基质膨胀和收缩对渗透率的影响以及分支水平
井井筒压降,建立了多分支井模拟 CO_2 注入开采数学模型,并开发了相应的计算程
序。[⑥] 段永刚等建立了多分支井的非稳态渗流模型,得到了多分支井的 4 种流动机
制,并分析了单只水平井、多只水平井和鱼骨形多分支井的不稳定压力动态特
征。[⑦] 李小军模拟了多种形态多分支井的生产动态,得出油藏压力从油藏边界到
主井筒逐渐降低的结论,同时泄油面积随分支角度的增大而增大,异侧分支井优于
同侧分支井。[⑧] 侯秀兰等采用多分支井对稠油油藏进行注蒸汽热采,建立了蒸汽
分配计算模型,根据蒸汽沿程热损失分布及分支参数,计算了各分支蒸汽流量、沿
程径向蒸汽流量分布及水平段注气量的沿程分布,对产能预测具有很好的指导
作用。[⑨]

1.5　主要研究内容

综合上述国内外水力压裂裂缝扩展的研究现状,并对比我国缝网压裂技术的
发展状况,可知国内的缝网压裂技术尚处于起步摸索阶段。目前,国内的煤层气开
发虽已取得阶段性成果,但体积改造这一核心技术还没有攻破,存在着造缝机理、

　　① 张辉,于洋,高德利,等.煤层气多分支井形态分析[J].西南石油大学学报:自然科学版,2011(4):
101-106.
　　② 崔玉梅.多分支井三维井眼轨迹设计方法研究[J].渤海大学学报:自然科学版,2010(3):225-230.
　　③ 汪志明,张磊敏,魏建光,等.分支参数对多分支井入流及产能的影响规律研究[J].石油钻探技术,
2009(3):83-87.
　　④ 油艳蕊,倪益民.多分支井设计在提高稠油油藏采收率中的应用[J].国外油田工程,2009(8):8-12.
　　⑤ 张福东,吴晓东.煤层气羽状水平井的开采优化[J].天然气工业,2010,30(2):69-71.
　　⑥ 席长丰,吴晓东,王新海.多分支井注气开发煤层气模型[J].煤炭学报,2007(4):402-406.
　　⑦ 段永刚,陈伟,黄天虎,等.多分支井渗流和不稳定压力特征分析[J].西安石油大学学报:自然科学
版,2007,22(2):136-138.
　　⑧ 李小军.多分支生产动态分析[J].钻采工艺,2008(5):24-26.
　　⑨ 侯秀兰,程林松,黄世军.稠油热采多分支井蒸汽分配计算模型[J].复杂油气藏,2009(2):59-62.

压裂缝网控制、产能预测等一系列难题。

在国内外已有研究成果的基础上,综合运用室内试验、理论分析和数值模拟相结合的方法系统地研究煤层气藏的各向异性特征、网状裂缝形成机理、水力压裂微裂缝扩展规律、网状裂缝扩展形态和压裂后煤层气井产能等。本书主要研究内容如下:

(1)煤岩力学性质的各向异性研究。以典型的华北石炭-二叠系山西组二₁煤层为研究对象,通过对不同层理角度煤岩试样开展巴西劈裂、单轴及三轴压缩、三点弯曲和渗透特性等试验研究,获得煤岩抗拉强度、抗压强度、弹性模量、断裂韧性和渗透率等参数的各向异性特征,为后续研究提供了基础数据支持。分析了煤岩单轴及三轴压缩、巴西劈裂和三点弯曲破坏模式与破裂机制的各向异性,并进一步探讨层理在复杂破裂模式形成过程中的重要作用,为深入分析复杂网状裂缝的形成机理奠定基础。

(2)水力压裂裂缝尖端起裂模型研究。根据描述空间流体流动的 Navier-Stoke 方程,结合边界条件,建立了煤岩水力压裂裂缝起裂数学模型,利用 Ansys 二次开发语言 APDL 实现了数学模型的数值求解,研究了应力的非均匀性、注入压力、煤岩弹性模量以及压裂液黏度对水力压裂裂缝扩展的影响。

(3)煤层气藏网状裂缝形成机理研究。根据各向异性材料裂纹尖端应力场的分布特征,分析煤岩 Ⅰ 型断裂韧性的各向异性特征,研究断裂机制的各向异性。通过大尺寸原煤水力压裂物理模型试验,分析了复杂裂缝的延伸规律,初步揭示了网状裂缝的形成机理,探讨了影响网状裂缝形成的主控因素。

(4)煤层水力压裂微裂缝扩展的因素分析。基于煤岩材料的非均质性,建立考虑煤岩储层各向异性的二维水力压裂模型,分析射孔完井和裸眼完井条件下煤层气藏水力压裂微裂缝的延伸过程,进一步揭示了煤层气藏水力压裂网状裂缝的形成机理,探讨了射孔完井条件下影响裂缝网络形成的主要因素。

(5)层理对水力压裂裂缝扩展的影响。基于煤岩材料的非均质性,建立考虑煤岩储层各向异性的三维水力压裂模型,分析煤层气藏水力压裂裂缝的延伸过程,揭示了煤层气藏水力压裂网状裂缝的形成机理,探讨了多因素对裂缝网络形态的影响规律。

(6)水力压裂网状裂缝扩展形态的数值模拟。以某压裂井所在区块为研究对象,利用数值模拟软件对该区块分别进行常规水力压裂和体积压裂的模拟计算,分析不同压裂条件下的水力压裂裂缝几何形态。验证了煤储集层内实施体积压裂技术的可行性,并给出体积压裂在煤层中的适用条件。

(7)水平井水力压裂网状裂缝扩展形态的数值模拟。以 H-J-1 压裂水平井所在区块为研究对象,利用数值模拟软件对该区块分别进行水力压裂的模拟计算,分析不同压裂因素下的水力压裂裂缝几何形态。

(8)煤层气压裂井产能预测及影响因素研究。基于两相渗流 Buckley-Leverett

方程,建立了考虑网状裂缝影响的煤层水-气两相渗流模型,开发了相应的计算软件,研究了影响压裂井产量的主要因素。

　　(9)羽状水平井的近井渗流与井筒入流剖面规律研究。建立了无限大地层羽状水平井渗流模型,结合微元线汇思想,考虑主井筒与分支井筒生产段沿程流动压降,形成煤层气羽状水平井多段流动耦合模型,采用有限差分法对其进行求解并编制相应计算程序,分析了煤层气羽状水平井近井流场与沿程单位长度产量的分布规律。研究了分支参数对羽状水平井渗流场分布形态、主井筒与分支井筒入流剖面规律的影响规律。

2 煤岩力学特性的试验研究

2.1 引言

煤岩力学参数的获取是对煤层气藏水力压裂裂缝进行预测的先决条件,同时也是揭示裂缝扩展机理的关键。由于煤岩中含有大量发育的节理和裂隙,对其力学性能参数影响较大,因此不同地区和地层的煤岩力学性能参数差别较大。同时,层理是煤层的主要构成部分之一,其力学性能参数与基质差别较大且其在煤层中的分布形态(如水平层理、波状层理和倾斜层理等)较为随机,导致煤层表现出明显的非均质性,煤岩力学特性也具有层理方向效应。[①] 这些因素使得不同区域的煤岩参数具有高度的不一致,因此开展相关的力学试验获得其力学特性参数对准确预测给定目的煤层的水力压裂裂缝扩展具有重要意义。

本章通过对河南焦作某煤矿煤岩进行取样并制作完成试验所需的标准试样,开展了巴西劈裂、单轴及三轴压缩和渗透性试验。通过室内试验,测试煤岩平行层理与垂直层理方向上的力学参数,包括抗拉强度、单轴抗压强度、弹性模量、泊松比、内摩擦角、黏聚力及渗透率等,为后续的研究提供了基础数据支持;分析了煤岩巴西劈裂、单轴及三轴压缩破坏模式的各向异性,研究了破裂机制的各向异性特征,获得层理在复杂破裂模式形成过程中的重要作用,为深入分析网状裂缝的形成机理奠定了基础。

2.2 煤样的采集与制备

2.2.1 煤样采集

本章力学特性试验煤样均取自河南省焦作矿区的山西组二₁煤层,焦作矿区属于典型的华北石炭-二叠系含煤地层。山西组二₁煤层具有厚度大(平均约 9m)、结构简单、分布稳定等特点,其埋深为 $1070 \sim 1080 \mathrm{m}$,层理与水平面夹角为 $18° \sim 35°$。煤岩的取样现场如图 2-1 所示。

由于煤岩中含有大量发育的节理与裂隙,且孔隙率高,致密程度低,现场煤岩

---

① Jiang T T, Zhang J H, Huang G, et al. Effects of bedding on hydraulic fracturing in coalbed methane reservoirs[J]. Current Science, 2017, 113(6):1153-1159.

的取样变得十分困难。大块煤岩在取样过程中极易受到人为扰动而破坏原有的结构特征,导致结构弱面破裂甚至造成煤岩破碎。为尽可能地避免对煤岩原始状态的扰动,应选用新鲜的煤块,且尽可能在同一煤层同一位置附近采样,减少煤样在埋深上的差异,从而提高试验结果的可靠性。在煤样搬运上井的过程中,应保证轻拿轻放,避免剧烈振动损坏煤样结构的完整性。待采集的煤样运移至地面后,对其进行编号,并标明取样地点、埋深等基础数据。考虑新鲜煤岩极易风化的特点,将煤样密封包装,装入具有抗震功效的木箱中,并在煤样与外包装箱间放置防止碰撞的泡沫,迅速运至实验室加工。

图 2-1　焦作山西组二₁煤层取样现场

2.2.2　不同层理方向的煤样制备

考虑河南省焦作矿区的山西组二₁煤层层理较发育,试验严格遵循《工程岩体试验方法标准》(GB/T 50266—2013)和《水利水电工程岩石试验规程》(SL 264—2001)的要求。在加工不同层理角度的煤岩岩芯时,先沿大块原煤平行于层理方向的一侧找平或取平,并用切割机将原煤切割成便于钻取的小岩块,再将其置于钻机上,并用夹具固定,以确保钻取的岩芯轴线方向与层理方向垂直或平行。由于煤岩裂隙较为发育,因此在钻取过程中,尽量降低钻取速度,以减少对岩芯的扰动,并经过再次切割与手工打磨等工序,将试样打磨成符合标准的试样,煤样的现场取芯过程见图 2-2。

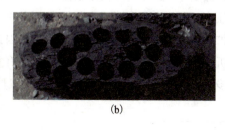

(a)　　　　　　　　　(b)

图 2-2　煤样取芯过程

(a)钻取岩芯;(b)取芯后剩余煤岩形貌

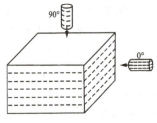

图 2-3 定向取芯示意图

本书采用水磨切割法在块状原煤中钻取试样,钻芯方向与层理分别呈 0°和 90°,图 2-3 为具体的钻取方案示意图,图中红色的虚线表示煤岩层理。

用于单轴、三轴压缩和渗透性试验的试样加工成 $\phi 50\text{mm} \times 100\text{mm}$ 的标准圆柱形煤岩试件,用于巴西劈裂试验试样的尺寸为 $\phi 50\text{mm} \times 25\text{mm}$。试样端面平整度误差控制在 0.03mm 内,尺寸的误差不大于 0.5mm,端面垂直于试件轴线,最大偏差角度不超过 0.25°。每加工好一块试样后,立即用保鲜膜将其封装,并做好详细标签记录,试样全部制备完毕后,将其放置于储样室以备试验所用,图 2-4 为加工完成的典型煤岩试样。

图 2-4 加工完毕的典型煤岩试样

2.3 煤岩不同层理方向抗拉强度试验

本章采用中国科学院武汉岩土力学研究所自行研发的多功能岩石试验系统(RMT)对不同层理角度的煤岩试样进行巴西劈裂与单轴、三轴压缩试验。[①] 该岩石试验系统全程由计算机控制,不需要在试样上预先粘贴应变片,使得操作更为简便,并具有多通道数据采集系统,测试精度高,系统性能稳定,图 2-5 为 RMT 试验机。

煤岩储层中,岩石应力状态较复杂,由于岩石类材料的抗拉强度远低于抗压强度,多数情况下井壁失稳、裂缝起裂及扩展都是从围岩的拉应力开始的。因此,抗拉强度对分析煤层水力压裂裂缝扩展规律等具有重要意义。为进一步分析煤岩抗拉强度的各向异性,通过巴西劈裂

图 2-5 RMT 试验机

---

① Jiang T T,Zhang J H,Huang G,et al. Experimental study on the mechanical property of coal and its application[J]. Geomechanics and Engineering,2018,14(1):9-17.

法对不同层理角度煤岩进行间接拉伸试验,并分析了其破裂形态和破坏机制的各向异性。

2.3.1　巴西劈裂试验方法

　　巴西劈裂试验是在 RMT 试验机上进行,图 2-6 为安装完成后的巴西劈裂试样。试验过程采用轴向位移控制模式,加载速率为 0.002mm/s。试验时,圆盘试样在圆弧形加载颚下通过恒定位移模式加载,直至试样发生劈裂破坏后停止试验。

　　本次巴西劈裂试验分别对平行层理和垂直层理的圆盘试样进行试验。平行层理的煤岩试样其层理平行于圆盘面[图 2-7(a)],巴

图 2-6　巴西劈裂试验试样的安装

西劈裂试验得到的为煤岩基质体的抗拉强度。垂直层理的煤岩试样其层理垂直于圆盘面[图 2-7(b)],此时垂直层理的圆盘面具有层理构造,定义层理与加载方向的夹角 θ 为层理角度。为研究煤岩抗拉强度的各向异性,本次试验层理角度 θ 分别为 0°和 90°。试验时,每个层理角度至少保证成功 3 块煤岩试样,且试验结果的离散性应较小,并取试验结果的平均值为该层理角度煤岩的抗拉强度。

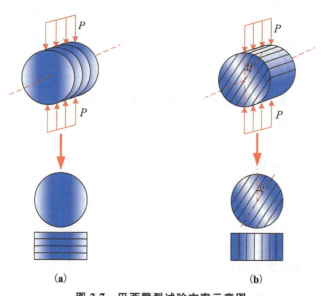

图 2-7　巴西劈裂试验方案示意图

(a)平行层理煤岩试样;(b)垂直层理煤岩试样

2.3.2 煤岩巴西劈裂试验结果

巴西圆盘劈裂试验中,在测得煤样试验过程中的极限荷载后,煤样的抗拉强度为:

$$\sigma_t = \frac{2P}{\pi DH} \tag{2-1}$$

式中:σ_t 为岩石的抗拉强度,MPa;P 为极限荷载,kN;D 为煤样的直径,mm;H 为煤样的高度,mm。

平行层理与垂直层理的煤岩巴西劈裂试验数据如表 2-1 所示。

表 2-1   **煤岩巴西劈裂试验数据**

试样编号	层理方向	层理角度/(°)	试样尺寸/mm		抗拉强度/MPa	
			直径	高度	试验值	平均值
JZ-BX-3	平行圆盘面	—	49.70	24.61	1.198	1.170
JZ-B2			49.69	24.53	1.175	
JZ-B3			49.54	24.89	1.138	
JZ-BX-2	垂直圆盘面	90	49.54	24.78	0.553	0.542
JZ-BX-5			49.60	24.74	0.521	
JZ-B1			49.94	25.03	0.552	
JZ-BX-1	垂直圆盘面	0	50.13	24.86	0.370	0.270
JZ-BX-4			49.75	24.91	0.271	
JZ-B4			49.83	24.56	0.168	

由表 2-1 可知,煤岩层理平行圆盘面的试样抗拉强度最大,为 1.170MPa,而对层理垂直圆盘面的试样,不同层理角度的煤岩抗拉强度均明显小于层理平行圆盘的试样,这说明煤岩基质体的抗拉强度最大。对于层理垂直于圆盘的试样,当加载方向与层理平行时(层理角度 0°),抗拉强度最小,为 0.270MPa,说明沿层理方向为煤岩储层的薄弱面;而当加载方向与层理垂直时(层理角度 90°),抗拉强度明显提高(0.542MPa),但仍小于基质体的抗拉强度,这表明即使加载方向垂直于层理,层理仍对抗拉强度有一定影响,且在一定程度上弱化了抗拉强度。层理角度 90°和 0°的煤岩抗拉强度均值分别为 0.542MPa、0.270MPa,前者约为后者的 2 倍,充分反映了煤岩抗拉强度的各向异性。

2.3.3 煤岩巴西劈裂破坏的各向异性分析

通过对不同层理角度煤岩巴西劈裂破坏时破裂面与层理及加载方向的相对关系进行分析,可以观察到不同层理方向和层理角度的煤岩破坏形态有较大差异。

　　不同层理方向和层理角度的煤岩试样巴西劈裂破坏时的破裂形态如图 2-8 所示。对于层理方向平行于圆盘面的煤岩试样,圆盘平面内的应力分布不受层理影响,为各向同性,劈裂后竖向主裂缝通过圆盘中心线并沿加载方向扩展,在靠近下部加载颚处产生了局部分叉裂缝,但该分叉裂缝较短[图 2-8(a)]。总体上,层理平行圆盘的试样抗拉强度为煤岩基质体的抗拉强度,为抗拉强度的最大值。

　　对层理垂直圆盘面的试样,当层理角度为 90°时,竖向主裂缝近似通过圆盘中心线并垂直层理扩展,同时竖向主裂缝沿层理方向在拉应力作用下产生横向的次级裂缝,并在圆盘中心处产生倾斜的分支裂缝,进而形成纵横交错的复杂裂缝形态[图 2-8(b)]。由于主裂缝近似通过圆盘中心,该组试验得到的破裂强度可近似为垂直层理方向的抗拉强度,但该抗拉强度与基质体的抗拉强度有一定差别,应加以区分。

　　对层理垂直圆盘面的试样,当层理角度为 0°时,竖向裂缝通过试样中心线并沿层理扩展,形成较平直的单一裂缝[图 2-8(c)]。劈裂后的破裂面如图 2-9 所示,可看出该破裂面完全为煤岩层理,断面较光滑平整,能观察到煤岩断口宏观成分相对单一,主要以暗煤为主,断口上零星分布少量亮煤。由于裂缝通过圆盘中心线且完全沿层理扩展,故该组加载情况得到的为煤岩层理的抗拉强度,为煤岩抗拉强度的最小值。

　　(a)

　　(b)

　　(c)

图 2-8　煤岩劈裂破坏形态

(a)层理方向平行于圆盘面;(b)层理角度 90°;(c)层理角度 0°

图 2-9　煤岩劈裂后层理面形态

通过对不同层理方向和层理角度煤岩劈裂破坏时的破裂面与层理及加载方向的关系(图 2-8)进行分析,可得巴西劈裂时其破坏机制分为两种类型,并表现出明显的层理方向效应。对于层理平行于圆盘面的煤岩试样,其破坏机制为基质体主控的张拉劈裂破坏,层理对该方位煤岩劈裂破坏几乎无明显影响。对于层理垂直于圆盘面的试样,层理角度为 0° 时煤岩为层理主控的沿层理的张拉劈裂破坏;层理角度为 90° 时煤岩呈现基质体与层理共同控制的贯穿层理和沿层理的张拉破坏。无论哪种破坏机制,层理均起到了重要作用。综上所述,层理的存在是引起煤岩劈裂破坏形态和破裂机制各向异性的主要原因。

通过对不同层理方向和层理角度煤岩劈裂破坏时破坏形态与机制的分析可知,煤岩基质体和层理的抗拉强度如表 2-2 所示。

表 2-2 　　　　　　　　　　　 **煤岩抗拉强度特征参数**

破坏面	基质体	层理	垂直层理
抗拉强度/MPa	1.170	0.270	0.542

由表 2-2 可知,煤岩储层层理的抗拉强度远低于基质体的抗拉强度,层理为煤岩储层的薄弱面,张拉裂缝易在层理处起裂并延伸扩展,这对水力压裂裂缝的复杂扩展规律有重大影响。

2.4 煤岩不同层理方向单轴压缩试验

2.4.1 单轴压缩试验方法

煤岩试样在无侧压力条件下,仅在纵向压力作用下发生压缩破坏,单位面积上所承受的荷载称为岩石的单轴抗压强度。煤岩的单轴抗压强度受岩芯的孔隙度、含水量及煤样内部结构等影响较大。煤样在单向压缩荷载作用下,将产生纵向压缩与横向扩张;当应力达到某数量级时,在岩芯中将出现初始裂缝,随后裂隙继续发展,最终导致岩芯的破坏。

单轴抗压强度试验时,根据层理与轴向加载方向的不同将试样分为垂直和平行两组,例如垂直层理试样即煤岩的层理与轴向加载方向垂直。为保证试验结果的可信度,选取不含宏观结构面的相对完整的煤岩试样进行试验。单轴抗压强度试验前,先将标准圆柱形试件放置于橡胶皮套内,在试样两端抹上试验油,并装配好形变传感器,连接信号接收器,打开压力机对试件进行预加载,安装好的单轴抗压强度试验煤岩试样见图 2-10。

图 2-10 单轴压缩试验试样的安装

预加载结束后,采用位移控制模式,加载速率为0.002mm/s,直至试件破坏。为减少试验测试结果的离散型,每组试验至少成功3块,并取测试结果的平均值。

2.4.2 煤岩单轴压缩试验结果

单轴压缩试验中,在测得煤样的极限荷载后,煤样的单轴抗压强度为:

$$\sigma_{ac} = \frac{P}{A} \tag{2-2}$$

式中:σ_{ac}为岩石的单轴抗压强度,MPa;P为极限荷载,kN;A为煤样的截面积,m²。

表2-3给出不同层理角度煤岩单轴压缩下抗压强度、弹性模量和泊松比的试验结果。

表 2-3 煤岩单轴压缩试验结果

试样编号	层理角度/(°)	试样尺寸/mm		抗压强度/MPa	弹性模量/GPa	泊松比
		直径	高度			
JZ-A-1	0	49.83	99.84	3.20	0.70	0.37
JZ-A-2		49.76	99.70	3.27	0.64	0.27
JZ-A-3		49.70	99.73	2.70	0.61	0.38
平均值		49.76	99.76	3.06	0.65	0.34
JZ-A-4	90	49.80	99.84	12.32	2.04	0.31
JZ-A-5		49.65	99.59	12.04	1.95	0.33
JZ-A-6		49.59	99.71	11.27	1.80	0.28
平均值		49.68	99.71	11.88	1.93	0.31

由表2-3可知,层理角度对煤岩抗压强度和弹性模量的影响是显著的,表现出明显的层理方向效应。层理垂直加载方向(层理角度为90°)的煤岩抗压强度最大,平均值为11.88MPa;而层理平行加载方向时(层理角度为0°)最小,平均值为3.06MPa,前者约为后者的3.88倍。然而,两种层理角度条件下的泊松比较为接近,两者平均值仅相差0.03。总体上看,泊松比范围为0.27～0.38,变化区域较大,变化幅度为0.11。

为进一步分析煤岩单轴抗压强度和弹性模量等各向异性的主要原因,研究单轴压缩下煤岩破裂形态及破坏机制的各向异性,对深刻认识煤岩的各向异性特征及水力压裂网状裂缝的形成机理有重要指导作用。

2.4.3 煤岩单轴压缩破坏的各向异性分析

煤岩的应力-应变曲线是研究其强度和变形特性、确定材料参数和研究本构关系的基础,在煤岩工程勘查、稳定性评价等方面占重要地位,更是分析煤岩力学性质等各向异性特征最简单、直接的方法。煤岩的各向异性导致描述其材料性质的弹性参数明显增加,相应的室内力学试验也明显烦琐、复杂。通过室内试验,单轴压缩下垂直和平行层理的煤岩典型的应力-应变曲线如图 2-11 所示。

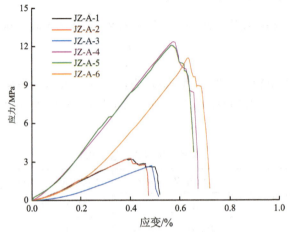

图 2-11　单轴压缩下煤岩不同层理方向的应力-应变曲线

　　JZ-A-1～JZ-A-3 试样层理平行于加载方向(即层理角度 0°),JZ-A-4～JZ-A-6 试样层理垂直于加载方向(即层理角度 90°)。由图 2-11 可知,垂直和平行层理的煤岩应力-应变曲线表现出明显的各向异性,煤岩的应力-应变曲线主要有如下特征:

　　(1)煤样在单轴压缩时,在破坏前后产生较大变形,出现四个较为显著的阶段。

　　①压密阶段:煤样的轴向应变增加较为明显,且轴向应力增长,此阶段内煤样的孔隙被压实,但孔隙增加有限,此阶段持续较短。

　　②弹性阶段:煤样的轴向应力与轴向应变几乎呈线性增长,此阶段内轴向应力主要由煤粒和煤粒间的摩擦力承担。由于煤颗粒间摩擦力的作用,如在该阶段卸载,将会产生一定的残余应变。

　　③塑性阶段:当轴向应力加载达到或超过煤样的屈服强度后,便进入塑性阶段。该阶段内煤样变形表现出明显的脆性特征:轴向应变增长加速,轴向应力增速减缓。

　　④破坏阶段:当轴向应力达到煤样的抗压强度时,煤样产生大量的宏观裂纹,煤粉从煤样上掉落,其承载能力迅速下降,即煤样发生破坏。该阶段内轴向应变迅速增加,轴向应力下降迅速,降低至煤样的残余强度时趋于稳定。

　　(2)不同层理角度的煤岩应力-应变曲线表现出不同的特征。

　　①层理角度为 90°时的煤岩试样弹性阶段长度远远大于层理角度为 0°时的弹性阶段长度。层理角度为 90°时,JZ-A-4～JZ-A-6 试样变形特征呈现相似性,均表现出明显的脆性特征,峰值前煤样力学形态较为稳定,峰值后应力迅速降低,且分级跌落平台和残余应力持续时间均较短。

②层理角度为 0°时,JZ-A-1~JZ-A-3 试样的应力-应变曲线出现峰值后多种形态并存,整体上力学形态具有显著的离散性:试样 JZ-A-1 和 JZ-A-2 呈分级跌落状态,而试样 JZ-A-3 应力跌落迅速。

实际工程中,通常采用单轴压缩试验的轴向峰值应变来划分岩石材料的脆延性,具体的划分标准见表 2-4。煤岩试样单轴压缩试验中,所有试样的轴向峰值应变均小于 1%,按工程指标煤岩试样的破坏模式均为脆性破坏。

表 2-4   **岩石材料的脆延性划分标准**

破坏模式	峰值应变取值范围
脆性破坏	<1%
脆延性破坏	1%~5%
延性破坏	>5%

岩石的破裂形态与加载条件、岩性、内部结构及所处的环境等因素有关。试验条件为影响煤岩破裂形态的主要因素,但层理赋存状态对破裂形态的影响较大,使得不同层理角度煤岩的破裂形态存在较大差异。图 2-12 展示了单轴压缩时不同层理角度煤岩的典型破裂样式。

  (i) 破坏前   (ii) 破坏后   (i) 破坏前   (ii) 破坏后
         (a)   (b)

图 2-12   单轴压缩下不同层理角度煤岩破裂形态对比图
(a)层理角度为 0°;(b)层理角度为 90°

单轴压缩时,当轴向应力达到峰值强度后,试样内出现多个宏观裂缝,此时煤岩失去继续承载能力,形成多个拉伸劈裂破裂面,其破裂形态具有明显的各向异性。不同层理角度煤岩的破裂形态总结如下:

(1)层理角度为 0°时,试样沿层理发生张拉劈裂破坏。如图 2-12(a)所示,破坏后的试样存在多个平行层理且贯通两端面的张拉破裂面,这些破裂面将试样分成多个薄板状岩体,由于破裂的煤岩还能承载,在继续加载过程中,岩板受压弯曲,直至部分发生屈曲失稳而折断。煤岩内孔隙、微裂缝等缺陷多平行于层理,在轴向荷载作用下,这些缺陷迅速发育、扩展及相互贯通,是平行层理煤岩形成沿层理张拉劈裂破坏的主要原因。

(2)层理角度为90°时,试样主要发生复杂的张拉劈裂和剪切破坏,且煤样易爆裂成碎块,如图2-12(b)所示。产生这种破坏形态的主要原因是:单轴压缩时,初始张拉裂缝与层理近似垂直,而在张拉裂缝继续向下端面扩展的过程中,由于层理的抗剪强度较低,发生了近似沿层理的剪切破裂;轴向与横向剪切破坏面相互贯通,进而形成纵横交错的复杂裂缝形态,并使试样爆裂成多个碎块。

综上所述,单轴压缩时,层理对煤岩破裂形态影响较大;层理为煤岩储层的薄弱面,当裂缝在扩展过程中与层理相交时,易在层理处发生分叉、转向及层理开裂现象,使裂缝沿最小耗能方向扩展,呈现复杂的破裂模式,形成裂缝网络。而煤岩储层水力压裂时形成网状裂缝的成因与此相关,说明在水力压裂设计时,要同时考虑地应力的相对大小和层理方位,以使压裂后煤层可形成天然裂缝、压裂裂缝与诱导裂缝纵横交错的裂缝网络,从而提高煤层气井产量。

通过分析不同层理角度煤岩破裂面的形态可知:煤岩单轴压缩的破坏机制可分为两种类型,层理角度为0°时煤岩为层理主控的沿层理的张拉劈裂破坏,层理角度为90°时为基质体主控的复杂的张拉劈裂和剪切破坏,表现出明显的各向异性特征。

通过对不同层理方向煤岩单轴压缩破坏时破裂形态和破坏机制的分析可知,煤岩基质体和层理的单轴压缩特征参数如表2-5所示。

表2-5　　　　　　　　　　　　煤岩单轴压缩特征参数

项目	抗压强度/MPa	弹性模量/GPa	泊松比
基质体	11.88	1.93	0.31
层理	3.06	0.65	0.34

2.5　煤岩不同层理方向三轴压缩试验

2.5.1　三轴压缩试验方法

煤矿井下开采过程中,大多数煤岩总是处于各向异性应力场中,受到三轴非均匀应力的作用。三轴压缩试样不仅能确定不同围压下不同层理角度煤岩强度参数及破裂模式的变化规律,还能分析煤岩复杂裂缝形态的演化规律。三轴压缩试验亦采用RMT试验机,试验过程采用轴向位移控制模式,加载速率为0.002mm/s。施加围压时,围压以0.1MPa/s的速率加至预定值,当围压加载到预定值后,保持不变,然后施加轴向荷载直至破坏。

三轴压缩试验时,煤岩层理角度仍为 0°和 90°两组。选取不含宏观结构面的相对较完整的煤岩试样,对两组煤岩试样在常规围压下(围压分别为 1MPa、2MPa、3MPa、4MPa 和 5MPa)进行三轴压缩试验。试验时,每组试样至少成功 3 个并求取其平均值。

2.5.2 煤岩三轴压缩试验结果

表 2-6、表 2-7 分别给出了层理角度为 0°和 90°时的煤岩三轴压缩试验结果。

表 2-6　　　　　　　　　　**层理角度为 0°时的三轴压缩试验结果**

煤样编号	层理角度/(°)	直径/mm	高度/mm	围压/MPa	抗压强度/MPa
JZ-T-3-5		49.53	99.72	1	6.762
JZ-T-4-5		49.55	99.58	1	6.177
JZ-T-5-5	0	49.64	99.53	1	6.054
平均值		49.57	99.61	1	6.331
JZ-T-3-4		49.61	99.80	2	12.133
JZ-T-4-4		49.59	99.50	2	11.697
JZ-T-5-4	0	49.75	99.63	2	10.886
平均值		49.65	99.64	2	11.572
JZ-T-3-3		49.77	99.87	3	16.652
JZ-T-4-3		49.64	99.51	3	15.309
JZ-T-5-3	0	49.92	100.12	3	15.216
平均值		49.78	99.83	3	15.726
JZ-T-3-2		49.48	99.66	4	19.726
JZ-T-4-2		49.82	99.76	4	18.337
JZ-T-5-2	0	49.75	99.54	4	19.590
平均值		49.68	99.65	4	19.218
JZ-T-3-1		50.12	99.67	5	24.451
JZ-T-4-1		49.81	99.73	5	22.789
JZ-T-5-1	0	49.69	100.06	5	24.082
平均值		49.87	99.82	5	23.774

表 2-7				层理角度为 90°时的三轴压缩试验结果	
煤样编号	层理角度/(°)	直径/mm	高度/mm	围压/MPa	抗压强度/MPa
JZ-T-2-6	90	49.60	99.47	1	14.629
JZ-T-1-6		49.46	99.80	1	15.471
JZ-T-0-6		49.67	99.81	1	15.842
平均值		49.58	99.69	1	15.314
JZ-T-2-5	90	49.79	99.98	2	19.507
JZ-T-1-5		49.55	99.53	2	20.176
JZ-T-0-5		50.11	99.74	2	18.390
平均值		49.82	99.75	2	19.358
JZ-T-2-4	90	49.61	99.87	3	23.942
JZ-T-1-4		49.83	99.60	3	23.518
JZ-T-0-4		50.59	99.66	3	22.913
平均值		50.01	99.71	3	23.458
JZ-T-2-3	90	49.73	99.93	4	25.713
JZ-T-1-3		49.69	99.87	4	26.432
JZ-T-0-3		49.94	99.54	4	26.016
平均值		49.79	99.78	4	26.054
JZ-T-2-2	90	49.79	99.98	5	29.980
JZ-T-1-2		49.55	99.53	5	29.679
JZ-T-0-2		50.11	99.74	5	28.560
平均值		49.82	99.75	5	29.406

根据表 2-6 与表 2-7 内的试验结果可知:不同层理角度时,三轴压缩条件下试样的抗压强度和弹性模量存在显著的各向异性。根据上述试验结果,同时参考单轴压缩试验,将三轴压缩下的煤岩抗压强度和弹性模量与围压进行了关系回归,图 2-13 为不同层理角度下的煤岩抗压强度与围压关系曲线。

由图 2-13 中煤岩抗压强度与围压的关系曲线可得不同层理角度时两者的回归方程,当层理角度为 0°时,煤岩抗压强度与围压回归关系如下:

$$\sigma_{tc,0°} = 4.182\sigma_3 + 2.824$$
$$R^2 = 0.99634$$

当层理角度为 90°时,煤岩抗压强度与围压回归关系如下:

$$\sigma_{tc,90°} = 3.54\sigma_3 + 12.058$$
$$R^2 = 0.99478$$

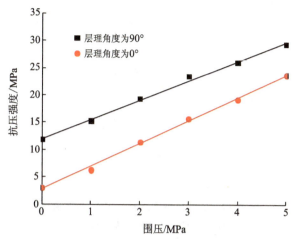

图 2-13 煤岩抗压强度与围压关系曲线

由图 2-13 和相应的回归公式可知,煤岩的三轴抗压强度随围压的增加显著提高,两者有较好的相关性,并呈线性关系。原因主要有以下两点:①煤样在轴向应力作用下产生侧向拉应力,而围压方向和拉应力方向相反,围压的存在削弱了拉应力的作用。②煤样中含有大量的裂隙,摩擦力对其变形影响较大,增加围压即增加了裂隙面上的正应力,从而增加摩擦力,最终抑制了裂隙面的滑移变形。

不同围压下,垂直层理方向的煤岩压缩强度最大,然而随着围压的增长,平行层理方向的煤岩压缩强度与垂直层理方向的煤岩压缩强度的差值逐渐减小,说明围压的增加降低了三轴抗压强度的各向异性。随着围压的增大,煤岩三轴压缩强度的各向异性逐渐减弱,这是因为围压的存在抑制了层理的剪切滑移。

2.5.3 煤岩三轴压缩破坏的各向异性分析

不同围压下的煤岩三轴压缩应力-应变曲线如图 2-14 所示。其中,图 2-14(a)为层理角度为 0°的应力-应变曲线,图 2-14(b)给出了层理角度为 90°时的应力-应变曲线。由于试验数据量较大,图 2-14 仅绘制了每个层理角度煤岩在不同围压下的一条应力-应变曲线。

由图 2-14 可知,不同层理角度煤岩三轴压缩应力-应变曲线表现出明显的各向异性特征:随着围压的增加,煤岩表现出的脆性特征逐渐减弱,延性逐渐增强;层理角度为 90°时的煤岩弹塑性特征最显著,同时应力-应变曲线的线弹性阶段斜率随围压的升高不断增加。虽然不同层理角度时三轴压缩的应力-应变曲线表现出明显的各向异性,但煤岩在不同围压下的三轴压缩应力-应变曲线形态大体相同,仍可大致分为四个阶段,分别为压密阶段、线弹性阶段、塑性变形阶段与峰后阶段。

①压密阶段:不同层理角度煤岩在不同围压下的初始压密阶段均较为明显,该阶段时煤岩内的裂隙、微裂缝在轴向荷载作用下闭合效应明显,煤岩被压密,此时

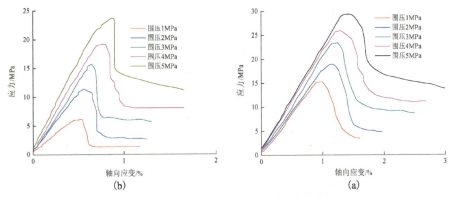

图 2-14　三轴压缩下煤岩的应力-应变曲线

(a)层理角度为 0°;(b)层理角度为 90°

应力-应变曲线向上弯曲。

②线弹性阶段:随着轴向荷载的增加,三轴压缩应力-应变曲线进入线弹性阶段。随着围压的增加,应力-应变曲线线弹性阶段的长度和斜率均明显增加。

③塑性变形阶段:当轴向荷载增加到某一值时,应力-应变曲线的斜率略有下降,进入塑性变形阶段,此时煤岩内部开始产生微裂缝且裂隙尺寸迅速增加。低围压时,该阶段较短,煤岩微裂纹的扩展、贯通直至失稳破坏是在短时间内完成的,表现出较强的脆性。随着围压升高,不稳定破裂阶段长度逐渐增加,煤岩的韧性增强。

④峰后阶段:即试件的破坏阶段。当应力达到峰值强度后,裂纹迅速发展并相互贯通,塑性变形持续发展,最终形成宏观破裂面。煤岩应力跌落速度随围压的增加逐渐减小,此时煤样并没有完全丧失承载能力,强度降低到残余强度,且残余强度随围压的增加不断增大,说明煤岩的韧性随着围压的增加逐渐明显。

图 2-15 对比了不同压缩条件下煤岩的应力-应变曲线,图 2-15(a)是层理角度为 0°时的单轴和三轴压缩曲线,图 2-15(b)是层理角度为 90°时的单轴和三轴压缩曲线。由图 2-15 可知,煤岩单轴压缩与三轴压缩的应力-应变曲线相差较大。与单轴压缩曲线相比,三轴压缩的应力-应变曲线的线弹性部分明显增长,三轴压缩强度显著大于单轴压缩强度,且三轴压缩强度随围压的增加而增大。煤岩破坏后,单轴压缩下的试样应力迅速跌落,残余强度很小,具有明显的脆性特征;而三轴压缩下的试样仍有一定的承载能力,弹塑性特征较为明显。随着围压的升高,不同层理角度煤岩的压缩强度各向异性逐渐减弱,这与煤岩的破裂模式随围压的升高不断变化有密切关系,深入分析三轴压缩下不同层理角度煤岩在不同围压下的破裂模式,对认识复杂裂缝形态的产生原因有重要意义。

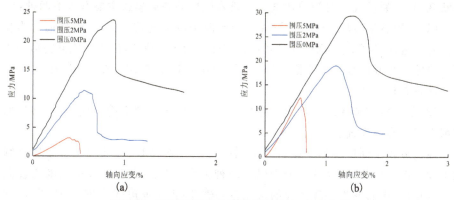

图 2-15 不同压缩条件下煤岩的应力-应变曲线

(a)层理角度为 0°;(b)层理角度为 90°

图 2-16～图 2-17 给出了三轴压缩下不同层理角度煤岩试样的典型破裂形态。

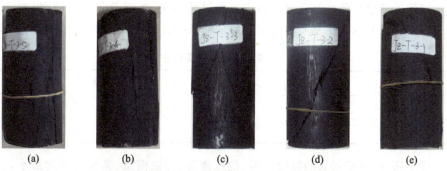

图 2-16 三轴压缩下层理角度为 0°时的煤岩破裂形态

(a)1MPa;(b)2MPa;(c)3MPa;(d)4MPa;(e)5MPa

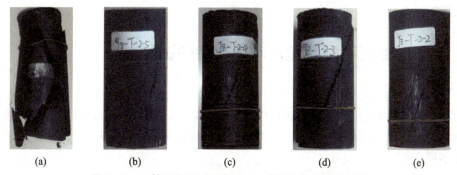

图 2-17 三轴压缩下层理角度为 90°时的煤岩破裂形态

(a)1MPa;(b)2MPa;(c)3MPa;(d)4MPa;(e)5MPa

三轴压缩时,随着围压的升高,当轴向应力达到峰值强度后,煤岩破坏所需要的破裂能逐渐增加,可释放的弹性能逐渐不足以致煤岩进一步破坏,动力破坏现象

不断减弱,破裂模式主要为剪切破坏。煤岩试样的破裂模式主要有以下两种:

(1)共轭剪切破坏。试样内形成两个或两个以上的破裂面,该破裂面分为相互平行的两组,该两组破裂面的交叉贯穿将试样分为多个块体,最终形成共轭剪切破裂面。层理角度为0°的煤岩在围压1MPa和2MPa时(试样JZ-T-3-5和试样JZ-T-3-4)均为该种破坏模式。

(2)单一剪切破坏。破坏的试样均有一个或两个宏观主剪切面,且该剪切面基本都贯穿试样两端面。

通过分析不同层理角度煤岩在不同围压下的破裂形态,可知煤岩破坏机制表现出较强的各向异性,大致可分为以下两种类型。当层理角度为0°且围压较低时(1~2MPa),煤岩发生层理主控的共轭剪切破坏;当层理角度为90°或围压较高时,发生基质体主控的贯穿层理的单一剪切破坏。与单轴压缩时的破坏机制相对比,三轴压缩时层理对破坏机制的影响显著降低,围压对破坏机制的影响逐渐增大,由于围压的作用,煤岩的破坏机制不再以劈裂破坏机制为主,而是以剪切破坏机制为主。

根据不同层理角度时煤岩三轴压缩的试验结果,绘制莫尔应力圆,根据莫尔-库仑强度理论分别确定基质体和层理的三轴压缩特征参数,具体参数值见表2-8。

表2-8 　　　　　　　　　　煤岩三轴压缩特征参数

项目	内摩擦角/(°)	黏聚力/MPa
基质体	18.8	0.82
层理	16.3	0.19

综上所述,由于煤岩的抗拉强度、抗压强度、弹性模量、黏聚力等均最小,受煤岩层理及非均质性的影响,当裂缝沿垂直层理方向扩展时,在层理处易发生分叉、转向,产生与主裂缝相交的次生裂缝,形成相对复杂的裂缝形态,有利于煤层气藏的压裂改造。

2.6　煤岩不同层理方向渗透特性试验

渗透率是反映岩石等传导液体能力的参数,表征其渗透性的强弱。渗透率的大小与岩石材料、孔隙结构及颗粒排列方式等有关,是影响低渗透煤层气藏有效开发的最重要的储层物性参数之一,该参数对储层评价、水力压裂设计及产能预测等必不可少。

2.6.1　渗透特性试验设备及试验方法

本书利用MTS815岩石力学试验系统对不同层理角度的煤岩试样进行了渗透特性试验。该试验系统配备三套独立的闭环伺服控制系统,试验机的轴向最大荷载为4600kN,围压和孔隙水压最大压力均为140MPa,且孔隙水压的最大压差为30MPa,

能够满足煤岩渗透率测试试验的要求。图 2-18 为 MTS815 岩石力学试验系统。

试验前,将煤岩试样置于 PG-640 型电热鼓风干燥箱中进行烘干,该烘箱可以提供室温至 300℃的烘烤温度,控制精度为 1℃。烘烤煤岩试样时,将烘烤温度设置为 105℃,烘烤时间 24h,烘干后将试样置于干燥箱内存放以备试验使用。图 2-19 给出了 PG-640 型电热鼓风干燥箱示意图。

图 2-18　MTS815 岩石力学试验系统　　　图 2-19　PG-640 型电热鼓风干燥箱

本渗透率试验选用瓦斯作为测试气体,并忽视其吸附效应的影响。气体在多孔介质中的渗流符合达西定律,渗透率可由以下表达式计算求得:[①]

$$K = \frac{2P_a Q \mu_L L}{A(p_2^2 - p_1^2)} \tag{2-3}$$

式中:K 为煤样渗透率,mD;P_a 为大气压力,MPa;Q 为标准状态下瓦斯流量,m³/s;μ_L 为瓦斯动力黏度,mPa·s;L 为煤样长度,m;A 为煤样横截面积,m²;p_2 为入口端压力,MPa;p_1 为出口端压力,MPa。

利用 MTS815 岩石力学试验系统,对煤样进行渗透特性试验,测出气体渗透流量、进出口压力等参数后,通过式(2-3)即可求得煤岩的渗透率。

2.6.2　煤岩渗透率试验结果

影响煤岩渗透率的因素较多,如煤样矿物成分、温度及试验条件等,因此为准确测得煤岩的渗透率,应尽量保持煤岩试样的原始状态,消除人为因素对试验测试的影响。由于煤岩试样在加工过程中极易沿裂隙或层理开裂,且相对完整的试样也有不同发育程度的微裂缝或裂隙,进行渗透率试验时选取不同层理角度的 12 个相对完整的煤岩试样,以提高煤岩渗透率测试的准确度。根据上述试验方法与计算方程,得到的煤岩渗透率测试结果如表 2-9 所示。

---

① 姜婷婷,张建华,黄刚.不同层理方向的煤岩渗透特性研究[J].科学技术与工程,2017,17(17):206-211.

表 2-9   **煤岩渗透率测试结果**

试样编号	埋深/m	层理角度/(°)	孔隙度/%	渗透率/mD	试样描述
JZ-K-11		0	4.3	1.742	有一条竖向裂纹
JZ-K-12	1070～1080	0	3.3	1.546	有一条竖向裂纹
平均值			3.8	1.644	
JZ-K-21		30	3.8	0.619	有一条斜向裂纹
JZ-K-22	1070～1080	30	3.0	0.567	有一条竖向裂纹
平均值			3.4	0.593	
JZ-K-31		45	2.9	0.323	较完整
JZ-K-32	1070～1080	45	3.2	0.576	有一条竖向裂纹
平均值			3.05	0.450	
JZ-K-41		60	6.0	1.125	有两条斜向未贯通裂纹
JZ-K-42	1070～1080	60	4.8	0.843	有一条斜向裂纹
平均值			5.4	0.984	
JZ-K-51		75	5.1	0.274	有一条竖向裂纹
JZ-K-52	1070～1080	75	4.4	0.245	有一条斜向裂纹
平均值			4.75	0.260	
JZ-K-61		90	4.7	0.184	有一条斜向裂纹
JZ-K-62	1070～1080	90	4.9	0.123	较完整
平均值			4.8	0.154	

由表 2-9 可知,层理角度对煤岩渗透率影响较大,层理角度为 0°时渗透率最大,90°时渗透率最小。河南省焦作矿区的山西组二$_1$煤层埋深 1070～1080m 的煤岩平均渗透率为 0.68mD,平均孔隙度为 4.20%,说明储层渗透性较好,有利于水力压裂改造的实施。

表 2-9 中,层理角度为 0°的煤岩试样 JZ-K-11 试样内含有一条竖向裂纹,其测得的渗透率最高,但孔隙度并不高,说明煤层气藏渗透率的大小与孔隙度并无绝对线性关系。影响渗透率的主要因素为孔隙度、裂纹及微裂缝的发育程度等,其中裂纹和微裂缝的贯通程度对渗透率影响最大。

2.6.3   煤岩渗透率各向异性分析

由表 2-9 可知,不同层理角度的煤岩渗透率相差较大,尤其是层理角度为 0°与 90°时,两者渗透率相差一个数量级。造成平行层理方向与垂直层理方向上渗透特性差异的主要原因是煤岩的层理构造。

流体传导性与渗透系数的关系如下：

$$g = \frac{KA}{L} \tag{2-4}$$

由式(2-3)可得：

$$g = \frac{Q\mu_L}{\Delta p} \tag{2-5}$$

式中：Δp 为长度 L 对应的压差，MPa。

层理可以看作由一条条纹孔相互连接的轴向细管。[①] 水气在储层内的渗流可以被理解为在阻流系统中的流动，当层理角度为 0° 时，该阻流系统由 m 个细管单元并联而成，如图 2-20 所示。每个细管单元的渗透系数记为 k_i，对应的流体传导性为 g_i。

整个系统的总流量为各个分支流量之和：

$$Q = Q_1 + Q_2 + \cdots + Q_m \tag{2-6}$$

图 2-20 并联阻流系统

联立式(2-5)和式(2-6)：

$$g = \frac{(Q_1 + Q_2 + \cdots + Q_m)\mu_L}{\Delta p} = g_1 + g_2 + \cdots + g_m \tag{2-7}$$

将式(2-7)代入式(2-3)内，可得：

$$\frac{KA}{L} = \frac{K_1 A_1}{L_1} + \frac{K_2 A_2}{L_2} + \cdots + \frac{K_m A_m}{L_m} \tag{2-8}$$

并联单元的长度相等，则有：

$$KA = K_1 A_1 + K_2 A_2 + \cdots + K_m A_m \tag{2-9}$$

由式(2-9)可知，当水气沿着层理方向渗流时，整个渗流系统的总渗透系数与其面积的乘积等于各并联单元的渗透系数与各自面积乘积之和。若通过每个阻流单元的面积基本相等，则整个渗流系统的总渗透系数等于各并联单元渗透系数之和。

当层理角度为 90° 时，水气垂直层理方向的流动可以看作由 m 个细管单元串联而成的阻流系统，如图 2-21 所示。

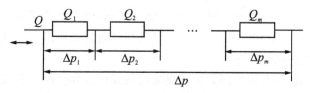

图 2-21 串联阻流系统

---

① 黄学满.煤结构异性对瓦斯渗透特性影响的实验研究[J].矿业安全与环保,2012,39(2):1-3.

由图 2-21 建立的串联阻流系统,可得:

$$Q = Q_1 = Q_2 = \cdots = Q_m \tag{2-10}$$

$$\Delta p = \Delta p_1 \Delta p_2 = \cdots = \Delta p_m \tag{2-11}$$

将式(2-10)、式(2-11)与式(2-4)、式(2-5)联立可得:

$$\frac{1}{g} = \frac{1}{g_1} + \frac{1}{g_2} + \cdots + \frac{1}{g_m} \tag{2-12}$$

$$\frac{L}{KA} = \frac{L_1}{K_1 A_1} + \frac{L_2}{K_2 A_2} + \cdots + \frac{L_m}{K_m A_m} \tag{2-13}$$

垂直层理流动时,阻流单元的面积相等,则有:

$$\frac{L}{K} = \frac{L_1}{K_1} + \frac{L_2}{K_2} + \cdots + \frac{L_m}{K_m} \tag{2-14}$$

若每个阻流单元的厚度相等,式(2-14)可改写为:

$$\frac{m}{K} = \frac{1}{K_1} + \frac{1}{K_2} + \cdots + \frac{1}{K_m} \tag{2-15}$$

式(2-9)和式(2-15)分别给出了平行和垂直层理方向流动的渗透系数方程,可为研究不同层理方向上流动特性的差异提供参考依据。通过煤岩渗透率试验测得层理角度为 0° 和 90° 时的试样渗透率分别为 1.644mD、0.154mD,室内测试结果与模型规律相符。

2.7　本章小结

本章针对河南省焦作矿区的山西组二$_1$煤层开展了不同层理角度煤岩的巴西劈裂、单轴压缩、三轴压缩和渗透特性试验,研究了煤岩抗拉强度、单轴抗压强度、弹性模量及渗透率等参数的各向异性特征,分析了煤岩巴西劈裂、单轴及三轴压缩破裂模式与破坏机制的各向异性特征。本章得到的主要结论有:

(1)煤岩的巴西劈裂抗拉强度具有明显的层理方向效应。层理平行于圆盘面的试样抗拉强度最大,即煤岩基质体的抗拉强度最大,其破坏机制为基质体主控的张拉劈裂破坏,层理对该方位煤岩劈裂破坏几乎无明显影响。而对层理垂直于圆盘面的试样,层理角度对抗拉强度的影响较大。当层理角度为 0° 时,抗拉强度最小,其破坏机制为层理主控的沿层理张拉劈裂破坏;当层理角度为 90° 时,抗拉强度相对较大,但仍低于基质体的抗拉强度,其破坏机制为基质体与层理共同控制的贯穿层理和沿层理的张拉破坏。

(2)单轴压缩时,不同层理方向的煤岩抗压强度和弹性模量表现出明显的各向异性特征,而泊松比相差不大。单轴压缩的煤岩试样破坏模式均为脆性破坏,破坏机制可分为以下两种类型:层理角度为 0° 时为层理主控的沿层理张拉劈裂破坏,层理角度为 90° 时为基质体主控的复杂的张拉劈裂和剪切破坏。

(3)随着围压的增加,煤岩表现出的脆性特征逐渐减弱,延性逐渐增强,层理角度为 90°时的煤岩弹塑性特征最明显。煤岩的三轴抗压强度随围压的增加显著提高,两者呈线性关系。煤岩破裂模式的各向异性与层理角度和围压大小密切相关。由于围压的存在,层理对破坏机制的影响显著降低,煤岩的破坏机制以剪切破坏机制为主。层理角度为 0°且围压较低时,煤岩发生层理主控的共轭剪切破坏;层理角度为 90°或围压较高时为基质体主控的贯穿层理的单一剪切破坏。

(4)河南省焦作矿区的山西组二$_1$煤层埋深 1070~1080m 的煤岩平均渗透率为 0.68mD,平均孔隙度为 4.20%。影响渗透率的主要因素为孔隙度、裂纹及微裂缝的发育程度,其中裂纹和微裂缝的贯通程度对渗透率的影响最大。针对平行层理方向和垂直层理方向上渗透率的较大差异,分别建立了水气渗流的并联和串联阻流模型,并给出了两种情况下的渗透系数方程,揭示了影响渗透特性差异的主要原因为层理构造。

3 煤岩水力压裂裂缝尖端起裂模型研究

3.1 引言

对于天然裂缝发育良好的煤层,通过注入大量的压裂液,使地层内的天然裂缝优先开启并相互连通,形成裂缝网络,改善了地层的渗流能力。影响煤岩体水力压裂裂缝起裂与扩展的因素众多,例如原始地层应力状态、煤层的机械物理特性、隔层的存在以及压裂施工参数等都与水力压裂裂缝的形态密切相关。由于对煤层水力压裂裂缝起裂与扩展的特性研究不够充分,可能在水力压裂施工过程中采用不当的施工参数,无法保证煤层的水力压裂效果。为了避免盲目进行井下煤层水力压裂,造成压裂效果差,甚至压裂失败,进行水压过程中裂缝起裂与扩展特性的深入研究是十分必要的。

与常规砂岩压裂性质相比,煤岩具有各向异性、物理力学性质特殊、易碎性与裂缝复杂等特征。本章结合边界条件,以描述空间流体流动的 Navier-Stoke 方程为基础,从理论上完备描述了流体的运动状态,研究煤层水力压裂裂缝起裂与扩展的特性。低渗透煤层水力压裂裂缝起裂扩展模型为复杂的流固场耦合数学模型,模型的求解只能依靠数值方法。目前,通用的有限元软件主要有 Ansys、Abaqus 和 Comsol 等,其中 Ansys 软件的运用覆盖了水利、机械、能源开发与运输、地矿、电子、医学等众多领域,具备强大的三维建模能力,能实现多物理场的耦合分析,自身的开放式结构可以允许用户利用设计语言对其进行二次开发,因此本章数值模拟采用 Ansys 软件进行分析。Ansys 软件提供了带有内聚力模型的接触单元和多种岩体本构模型,但由于水力压裂裂缝内的流体压力会随着裂缝的扩展动态变化,无法直接用该软件来模拟水力压裂裂缝内的流体压降过程。因此,采用 Ansys 自带的二次开发语言 APDL 编写数值求解命令流来实现低渗透煤岩体水力压裂起裂、裂缝扩展的数值模拟,通过模拟不同地质条件下的水力压裂裂缝起裂和扩展过程,分析注入压力、煤岩弹性模量以及压裂液黏度对水力压裂裂缝扩展的影响。该研究对认识低渗透煤岩体水力压裂过程和现场水力压裂施工参数优化具有一定的参考价值。

3.2 煤岩水力压裂裂缝起裂模型

本章基于以下假设条件,建立了煤岩水力压裂裂缝起裂数学模型:(1)压裂缝沿最大主应力方向直线扩展;(2)水力压裂裂缝以井筒为对称轴在两翼对称扩展;(3)垂直于裂缝高度方向的裂缝面为椭圆形;(4)不考虑压裂液的滤失;(5)水力压裂裂缝的起裂与扩展准则为最大拉应力准则;(6)水力压裂裂缝尖端节点处的水压力不小于裂缝闭合压力;(7)不考虑压裂液和煤岩的流固耦合作用。

如图 3-1 所示,三维水力压裂模型中压裂液在裂缝平面内做二维流动,即压裂液在水平与垂直方向上流动,则水力压裂裂缝也在这两个方向上扩展。由于水力压裂裂缝宽度与缝长、缝高相比很小,则可假设缝内压裂液的流动为两块平行板间的层流流动,压裂液可按牛顿流体研究。

图 3-2 为水力压裂裂缝内二维流场模型,h 为裂缝的高度,L 为裂缝的长度,w 为裂缝的宽度。令坐标原点位于两块板的对称面上,X 方向为裂缝长度扩展方向,压裂液流动方向与 X 轴平行,Y 轴为缝宽方向,Z 轴为裂缝高度方向。

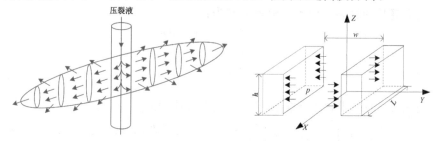

图 3-1　压裂液流动示意图　　　图 3-2　二维流场模型

根据水力压裂裂缝内流体的流动特点,在实际煤岩水力压裂过程中,裂缝宽度 w 很小,则沿裂宽方向的流体流速 u_y 可视为零,认为流体的流动主要沿着裂高与缝长方向。根据 Navier-Stokes 方程,基于上述假定,可得到压裂液的流动方程:

$$u_x \frac{\partial u_x}{\partial x} + u_y \frac{\partial u_x}{\partial y} + u_z \frac{\partial u_x}{\partial z} = -\frac{1}{\rho} \frac{\partial p}{\partial x} + \frac{\mu}{\rho} \left(\frac{\partial^2 u_x}{\partial x^2} + \frac{\partial^2 u_x}{\partial y^2} + \frac{\partial^2 u_x}{\partial z^2} \right) \tag{3-1}$$

$$u_x \frac{\partial u_y}{\partial x} + u_y \frac{\partial u_y}{\partial y} + u_z \frac{\partial u_y}{\partial z} = -\frac{1}{\rho} \frac{\partial p}{\partial y} + \frac{\mu}{\rho} \left(\frac{\partial^2 u_y}{\partial x^2} + \frac{\partial^2 u_y}{\partial y^2} + \frac{\partial^2 u_y}{\partial z^2} \right) \tag{3-2}$$

$$u_x \frac{\partial u_z}{\partial x} + u_y \frac{\partial u_z}{\partial y} + u_z \frac{\partial u_z}{\partial z} = -\frac{1}{\rho} \frac{\partial p}{\partial z} + \frac{\mu}{\rho} \left(\frac{\partial^2 u_z}{\partial x^2} + \frac{\partial^2 u_z}{\partial y^2} + \frac{\partial^2 u_z}{\partial z^2} \right) \tag{3-3}$$

由于不考虑压裂液沿裂缝宽度方向的流动,则 $u_y = 0$,而缝长和缝高方向的流体速度在宽度方向的速度梯度 $\partial u_x / \partial y$,$\partial u_z / \partial y$ 却很大,$\partial u_x / \partial x$,$\partial u_x / \partial z$ 和 $\partial u_z / \partial x$,$\partial u_z / \partial z$ 与前者相比可忽略不计,这样式(3-1)~式(3-3)可简化为:

$$\frac{\partial^2 u_x}{\partial y^2} = \frac{1}{\mu} \frac{\partial p}{\partial x} \tag{3-4}$$

$$\frac{\partial p}{\partial y} = 0 \tag{3-5}$$

$$\frac{\partial^2 u_z}{\partial y^2} = \frac{1}{\mu} \frac{\partial p}{\partial z} \tag{3-6}$$

由式(3-4)与式(3-6)可得:

$$u_x = \frac{y^2}{2\mu}\frac{\partial p}{\partial x} + c_1 x + c_2 \tag{3-7}$$

$$u_z = \frac{y^2}{2\mu}\frac{\partial p}{\partial z} + c_3 z + c_4 \tag{3-8}$$

由边界条件可得：

$$u_x\big|_{y=\pm\frac{w}{2}} = 0 \tag{3-9}$$

$$u_z\big|_{y=\pm\frac{w}{2}} = 0 \tag{3-10}$$

即有：

$$c_1 = 0, c_2 = -\frac{1}{2\mu}\frac{\partial p}{\partial x}\left(\frac{w}{2}\right)^2 \tag{3-11}$$

$$c_3 = 0, c_4 = -\frac{1}{2\mu}\frac{\partial p}{\partial z}\left(\frac{w}{2}\right)^2 \tag{3-12}$$

故沿缝长和缝高方向上的流速分别为：

$$u_x = \frac{1}{2\mu}\left(y^2 - \frac{w^2}{4}\right)\frac{\partial p}{\partial x} \tag{3-13}$$

$$u_z = \frac{1}{2\mu}\left(y^2 - \frac{w^2}{4}\right)\frac{\partial p}{\partial z} \tag{3-14}$$

由式(3-13)可求得沿 x 方向单位长度上的体积流量为：

$$q_x = \int_{-\frac{w}{2}}^{\frac{w}{2}} u_x \mathrm{d}y = \int_{-\frac{w}{2}}^{\frac{w}{2}} \frac{1}{2u}\left(y^2 - \frac{w^2}{4}\right)\frac{\partial p}{\partial x}\mathrm{d}y = -\frac{w^3}{12\mu}\frac{\partial p}{\partial x} \tag{3-15}$$

从而求得 x 方向的压降方程为：

$$\frac{\partial p}{\partial x} = -\frac{12\mu q_x}{w^3} \tag{3-16}$$

同理可得 y 方向的压降方程为：

$$\frac{\partial p}{\partial y} = -\frac{12\mu q_y}{w^3} \tag{3-17}$$

假设水力压裂裂缝为椭圆形，煤层厚度即为缝高，则裂缝内的二维流动变为一维流动，压降梯度变为：

$$\frac{\partial p}{\partial x} = -\frac{12\mu q}{h_f w^3} \tag{3-18}$$

记原点 O 为水力压裂裂缝最宽处的中心，X 轴沿着裂缝的扩展方向，则与 O 距离 x 处的裂缝宽度可写为：

$$w = w_0\sqrt{1 - x^2/L^2} \tag{3-19}$$

将式(3-19)代入式(3-18)并积分得：

$$p = -\frac{12\mu q L x}{h_f w_0^3 \sqrt{L^2 - x^2}} + C_0 \tag{3-20}$$

又由边界条件：

$$p\big|_{x=0} = p_0 \tag{3-21}$$

将式(3-21)代入式(3-20)可得：

$$C_0 = p_0 \tag{3-22}$$

从而求得水力压裂裂缝面内的压力分布：

$$p = -\frac{12\mu q L x}{h_f w_0^3 \sqrt{L^2 - x^2}} + p_0 \tag{3-23}$$

将式(3-19)代入式(3-23)，则压降[式(3-23)]变为：

$$p = -\frac{12\mu q x}{h_f w_0^3 w} + p_0 \tag{3-24}$$

式中，ρ 为压裂液密度，kg/m^3；μ 为压裂液的黏度，$mPa \cdot s$；u_x、u_y 和 u_z 分别是 x、y、z 方向上的压裂液流速，m/s；q 为裂缝单侧压裂液流量，$q = q_i/2$，其中 q_i 为任意时刻压裂液注入量，m/s；w 为缝宽，mm；h_f 为裂缝最大高度，m；w_0 为裂缝最大宽度，mm；p_0 为起裂段的初始压裂液注入压力，MPa。

由式(3-24)可知，当 $x \to L$，裂缝宽度 $w \to 0$，此时水力压裂裂缝面上的 $p \to -\infty$，这与实际情况不符合，这一区域称为流体滞后区。为避免方程奇异所导致的压力不合理性，假设滞后区内的流体压力不小于裂缝面所承受的法向闭合压力 σ_n，则压降方程变为：

$$\begin{cases} p = -\dfrac{12\mu q x}{h_f w_0^2 w} + p_0, & p > \sigma_n \\ p = \sigma_n, & p \leqslant \sigma_n \end{cases} \tag{3-25}$$

图 3-3 为水力压裂过程中裂缝尖端受力图，对于裂缝尖端处的应力状态应满足以下公式：

$$\sigma_{teff} = \sigma_{H,min} - P_{frac} \tag{3-26}$$

式中：σ_{teff} 为水力压裂过程中新产生裂缝尖端受到的有效应力，MPa；$\sigma_{H,min}$ 为最小水平地应力，MPa；P_{frac} 为水力压裂压力，MPa。

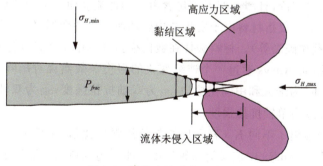

图 3-3 裂缝尖端受力示意图

煤岩体水力压裂产生的裂缝如图 3-4 所示。

裂缝尖端处于临界开裂状态时有：

$$\sigma_{teff} \geqslant \sigma_t \tag{3-27}$$

式中：σ_t 为煤岩抗拉强度，MPa。

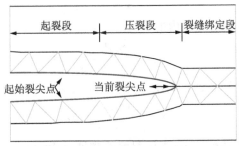

图 3-4　水力压裂裂缝示意图

当水力压裂裂缝遇到煤层中的天然裂缝时,水力压裂裂缝的扩展方向将会发生转向,流体沿着水力压裂裂缝端部向天然裂缝方向上流动:

$$p_i = P_{frac} - \Delta p > \sigma_n + \sigma_t \tag{3-28}$$

式中:Δp 为压裂液沿着裂缝发生压力降,MPa;σ_n 为作用在突然裂缝尖端的正应力,MPa。

作用在裂缝尖端的正应力为:

$$\sigma_n = \frac{\sigma_{H,\max} + \sigma_{H,\min}}{2} + \frac{\sigma_{H,\max} - \sigma_{H,\min}}{2} \cos^2(90° - \theta) \tag{3-29}$$

式中:$\sigma_{H,\max}$ 为最大水平地应力,MPa;$\sigma_{H,\min}$ 为最小水平地应力,MPa;θ 为水力压裂裂缝与天然裂缝间的夹角,(°)。

考虑煤岩在水力压裂过程中可能会出现拉伸和压缩破坏,本书采用一个包含抗拉和抗压破坏的屈服函数进行描述。该函数如图 3-5(a)所示,可以将水力压裂过程中煤岩的破坏形态划分为单轴拉伸、单轴压缩、双轴压缩和双轴拉伸等四种破坏形态。该模型与纯塑性破坏模型的区别在于计算所有的塑性变形时均采用塑性流动力学的相关理论,且塑性变形不包含由于塑性流动而产生的变形量(例如交界面上的滑动变形),仅指材料由于发生结构破坏而产生的变形(例如结构开裂、新裂缝形成、材料颗粒破裂等)。材料破坏在数值模拟计算中主要是通过弹性矩阵方程退化来实现的,而 Ansys 通过一个连续变化的损伤参数实现对矩阵方程退化的控制。其中,σ_1 和 σ_2 为最大和中间主应力;σ_{t0} 为双轴抗拉强度;σ_{b0} 为双轴抗压强度,压为正,拉为负;σ_{c0} 为单轴抗拉强度。

图 3-5(b)给出了不同 K_c(岩石抗拉与抗压强度比值)条件下偏应力平面上屈服面形状。K_c 在 Ansys 中定义为双轴压缩屈服应力与单轴压缩屈服应力之比。σ_1 和 σ_2 含义与图 3-5(a)中相同,σ_3 为最小主应力。

图 3-5(c)给出了单轴压缩应力状态下应力-应变关系曲线,其中 E_0 为初始弹性模量,σ_{c0} 为单轴抗压强度,σ_{cu} 为极限抗压强度,d_t 为拉伸条件下损伤变量,ε_c^{ln} 为塑性压缩应变,ε_{c0}^{el} 为弹性压缩应变。图 3-5(d)给出了单轴拉伸应力状态下应力-应变关系曲线,其中 ε_t^{ln} 为塑性拉伸应变,ε_{t0}^{el} 为弹性拉伸应变。

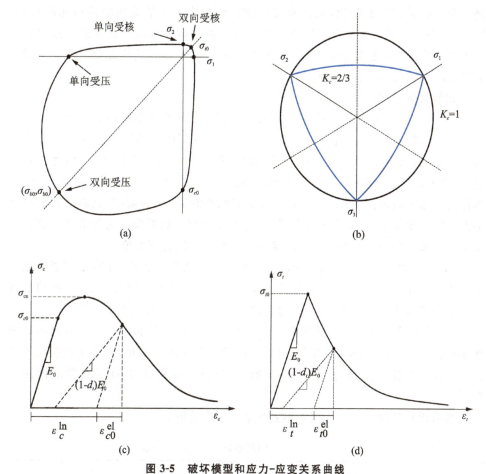

图 3-5   破坏模型和应力-应变关系曲线

（a）双轴应力状态下塑性破坏模型；（b）偏应力平面上 K_c 取值不同时屈服面形状；

（c）单轴压缩条件下应力-应变曲线；（d）单轴拉伸条件下应力-应变曲线

3.3   煤层气井水力压裂裂缝三维仿真分析

为了验证以上建立的数学模型计算精度,本节利用 Ansys 软件建立了煤层气压裂过程中井眼附近围岩受力和变形计算模型。Ansys 软件作为数值模拟计算中的主流软件之一,已经成功应用于多种地质力学问题的分析和计算,对于各种不同尺度的问题均有较好的适用性。该软件具有以下优点:(1)强大的模型管理和载荷管理手段,为多任务、多工况实际工程问题的建模和仿真提供了方便;(2)采用高效拉格朗日算法可以有效处理大应变、旋转以及复杂的接触面问题;(3)嵌入了高度非线性计算分析算法,可以进行真正意义上的流固耦合分析;(4)具有丰富的本构关系库,可以有效模拟岩石材料的力学性能。但是水力压裂裂缝内的流体压力会随着裂缝的扩展动态变化,无法直接用它来模拟水力压裂缝内的流体压降过程。因此,本书采用其二次开发语言 APDL 编写数值求解命令流来实现低渗透煤岩体水力压裂裂缝扩展的数值模拟,从而实现程序的自动运行,这样方便对程序进行参数调整,大大提高了操作效率。

数值求解过程如下:

(1)建立煤层单井水力压裂裂缝起裂、扩展数值模型并施加边界条件。

(2)对起裂段施加初始压裂液注入压力($p_0=6\text{MPa}$),通过起裂段尖端节点在竖直方向的位移 e 来判断是否产生微裂缝。若 $e<0$ 说明起裂段未开裂,此时程序以 0.2MPa 为增量增大注入压力并重新加载模型;如果 $e>0$ 说明起裂段已开裂,程序将记录此时的注入压力 p_i,并沿着裂缝面找到 $e=0$ 的点,该点即为新的裂缝尖端。此时变量 c_1 记录下该节点编号,数组 R 中存入起裂段的尖端节点与该点之间的所有节点的坐标 y 值,数组 P_c 保存这些节点的闭合应力值 P_b。

(3)程序调用数组 R 中的数值,基于裂缝面内的压降方程,计算得到裂缝面上各节点的水压力 P_w 并存储于数组 P_1 内。若 P_w 大于 P_b,则将数组 P_1 中的值加载在对应的节点上;如果 P_w 小于 P_b,则将数组 P_c 中的值加载到对应节点上。

(4)继续对新的水力压裂裂缝尖端进行判断,重复(2)和(3)过程,直到前后两次得到相同的裂缝尖端节点编号,说明此时缝尖的水压力不足,水力压裂裂缝不再扩展。保存裂缝面上所有节点的 P_w 值,该值即为最终的水力压裂裂缝面内的 P_w 值。

数值模拟计算过程中地层参数按照表 3-1 中选取。

表 3-1 地层参数

岩性	E	ν	ψ	C_0	T_0	k	e
煤层	3.7	0.25	20	64.9	8.6	0.27	0.20
上覆层	5	0.30	15	44.9	8.4	0.001	0.25
下卧层	5	0.30	15	44.9	8.4	0.001	0.25
夹层	19	0.31	17	54.3	9.2	0.042	0.28

表中,E 为弹性模量,GPa;ν 为泊松比,无量纲;ψ 表示扩容角,(°);C_0 为初始压缩屈服强度,MPa;T_0 为初始拉伸屈服强度,MPa;k 为渗透率,mD;e 为孔隙度。

为了验证 3.2 节建立的煤层气水力压裂裂缝起裂模型,本书基于压裂井所在区块煤层地质分布特点,利用 Ansys 软件建立了相应计算模型。图 3-6 给出了直井煤层气水力压裂裂缝扩展的二维模型示意图。

该计算模型沿井筒中轴线对称,模型高 400m、长为 400m,井筒直径为 178mm,煤层厚度 8m,上覆层和下卧层厚度均为 180m,上覆地层顶部埋深 600m,上覆岩层压力为 15.92MPa,压力梯度为 2.65MPa/100m。压裂液黏度为 3mPa·s,

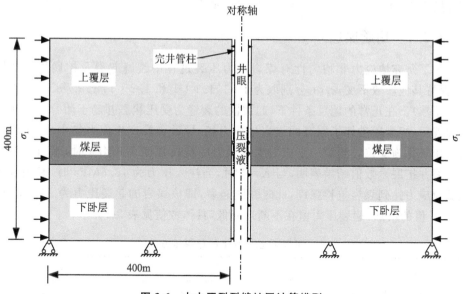

图 3-6 水力压裂裂缝扩展计算模型

排量为 $4\text{m}^3/\text{min}$，压裂液密度为 $1300\text{kg}/\text{m}^3$。煤层顶部孔隙压力值为 5.88MPa，压力梯度为 $1.0\text{MPa}/100\text{m}$，最大水平主应力为 17.65MPa，煤岩抗拉强度为 1.4MPa。

同时，大量的研究结果表明煤层中的地应力非均匀性变化较为显著，且这种非均匀性也会对煤层中水力压裂的裂缝扩展影响较为显著，因此在数值模拟计算中 σ_1/σ_3 分别取为 $1:1$、$1.1:1$ 和 $1.2:1$。根据上述地应力值、压力梯度及其孔隙压力对计算模型进行加载。模型底部均采用全约束位移边界条件，即认为在不同工况下底部水平和垂直方向上的相对位移变化量为 0。模型四个垂直边界上分别施加水平方向上的位移约束，限制计算过程中模型发生水平方向上的位移变形，同时模型两侧及底部边界上均施加自由渗流边界条件。水力压裂射孔段位于煤层中心段，射孔段长度为 1m。本书不考虑射孔造成的压裂液压力降低的影响，认为作用于煤层上的水力压力即为数值模拟计算中用到的压力值。考虑到计算模型具有较好的对称性，在实际计算过程中仅建立了 1/2 模型以提高计算效率，计算模型中共有 2142 个节点、3280 个单元，单元类型为六边形单元、四边形单元以及三角形过渡单元。为了使得数值模拟计算结果不受到网格尺寸和精度的影响，对模型不同位置处的计算结果进行监测，并获得不同网格尺寸和精度条件下的计算结果，结果表明网格的精度可以满足计算结果独立性的要求且具有较高的计算效率。数值模拟计算中最大不平衡力设置为 50N、收敛精度设定为 10^{-5}，计算结果表明数值模拟计算具有较好的收敛性，监测点计算结果随着计算时间步的增加趋于稳定。

为了对不同条件下煤岩水力压裂过程中裂缝起裂、扩展规律进行分析，本节分别模拟计算均质煤层、非均质煤层这两者情况下，煤层在水平最大与最小主应力比

值分别为 $1:1$、$1.1:1$ 和 $1.2:1$ 时的裂缝形态。

3.3.1　均质煤层

为了研究地应力非均匀性对煤岩水力压裂过程中裂缝起裂及扩展规律的影响,保持其他参数不变,σ_1/σ_3 分别取为 $1:1$、$1.1:1$ 和 $1.2:1$,记 $\sigma_1/\sigma_3=K$(水平应力系数)。在正常的地层条件下,起裂段的裂缝为受压状态并趋于闭合。当注入压裂液后,起裂段破坏了原有的煤岩地应力场,导致尖端产生应力集中,应力逐渐由受压转化为受拉。当第一主应力大于煤岩的抗拉强度 1.4MPa 时,水力压裂裂缝起裂并扩展。数值结果表明,当 $K=1$ 时,当注入压力为 13.6MPa 时,起裂段的尖端拉应力达到煤岩抗拉强度,此时裂缝起裂,即该煤岩的起裂压力为 13.6MPa。随着 K 值的增加,起裂压力值在不断地降低,具体数值见表 3-2。

表 3-2　　　　　　　　　不同 K 值条件下的起裂压力

K	1.0	1.1	1.2
起裂压力/MPa	13.6	13.4	13.25

不同水平应力系数时,均质煤层条件下的裂缝扩展形态如图 3-7～图 3-9 所示,图中彩色部分表示水力压裂过程中煤岩发生破坏的区域,图中用应变来表征裂缝形状及其扩展方向。

图 3-7～图 3-9 给出了不同压裂液注入时刻,均匀煤岩地层中的裂缝扩展规律。从图中可以看出破坏区域首先发生在射孔段,随着压裂液注入时间的增加,裂缝逐渐向远离井筒的位置扩展,并由一条裂缝扩展直至形成多条裂缝。由 3-7(a)可知,注入 5.4min 后,射孔段整段产生压应变,上下边缘以及中间部分应变较大,中间部分高应变区有向内延伸的趋向。水力压裂 7.8min 时,射孔段中间部分高应变区向内延伸,形成一段连续的不规则高应变区,塑性应变发育,且塑性应变区并不是从射孔段中心沿水平方向延伸。这是由于在井壁内随机选取了若干单元,并赋予较低的渗透率和不同材料参数,以模拟底层的不均匀性,因此高应变区并不是规则地向水平方向延伸发展。

由图 3-7(c)可知,水力压裂 17.2min 时高应变区继续发展,并在以射孔段中线为对称轴的下部区域发展出了另一条分支裂缝。这是由于立体入渗的压力是水平向左的,在第一条高应变区的转折点上产生集中应力,并最终导致另一条分支裂缝的出现及发展。两条分支裂缝分别有不同程度的方向转折,在转折点处也出现了产生次分裂缝的迹象。

图 3-7(d)给出了水力压裂 22.4min 时的裂缝扩展曲线图,由图可知多条分支裂缝在主裂缝的周围发展,且并不是所有的分支裂缝都连续,最终多条高应变区裂缝并存于煤层中。本数值模拟基本上再现了水力压裂裂缝起裂与扩展的全过程,起初高应变区沿井壁发展,在上下端和中间处出现应力集中并率先出现非线性应

变,高应变区沿着水力压裂方向继续发展,并由于地层的非均匀性发生偏转,在转折点处重新出现应力集中并发展出新的高应变区,最终形成多条分裂裂缝并存于地层中,可以在一定程度上反映真实情况。

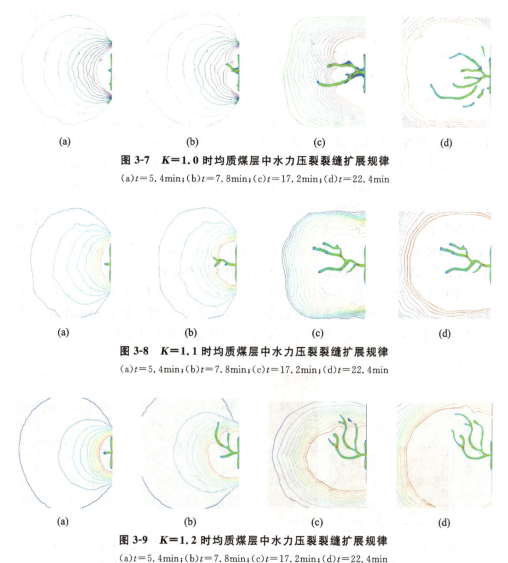

(a)　　　　　　　(b)　　　　　　　(c)　　　　　　　(d)

图 3-7　$K=1.0$ 时均质煤层中水力压裂裂缝扩展规律

(a)$t=5.4\text{min}$;(b)$t=7.8\text{min}$;(c)$t=17.2\text{min}$;(d)$t=22.4\text{min}$

(a)　　　　　　　(b)　　　　　　　(c)　　　　　　　(d)

图 3-8　$K=1.1$ 时均质煤层中水力压裂裂缝扩展规律

(a)$t=5.4\text{min}$;(b)$t=7.8\text{min}$;(c)$t=17.2\text{min}$;(d)$t=22.4\text{min}$

(a)　　　　　　　(b)　　　　　　　(c)　　　　　　　(d)

图 3-9　$K=1.2$ 时均质煤层中水力压裂裂缝扩展规律

(a)$t=5.4\text{min}$;(b)$t=7.8\text{min}$;(c)$t=17.2\text{min}$;(d)$t=22.4\text{min}$

当 $K=1$ 时,由数值模拟结果可知:随着井筒压力的不断升高,井壁出现应力集中,当应力积累到了一定程度,超过煤岩的抗拉强度,裂缝开始萌生,在井筒边缘的上下端产生微裂缝。随着井筒压力不断增加,裂缝开始扩展并在裂缝尖端附近出现了零星的不和主裂缝连通的微裂缝,且微裂缝也开始扩展。当井筒内压力增大到某一数值,超过裂缝失稳扩展的临界压力后,此时不需要增加压力,裂缝仍在继续扩展。主裂缝的尖端萌发出多条不规则裂缝,裂缝分叉明显,次裂缝的数量和规模大幅度增加,在次裂缝的作用下,使得主裂缝扩展路径更加曲折。当裂缝扩展到一定程度时将止裂,需要再次增加井筒压力才能使裂缝再次扩展。

研究结果表明:在压裂开始阶段,煤岩中的孔隙压力分布较为均匀,裂缝基本上沿着射孔段中点对称分布;随着压裂液注入时间的增加,孔隙压力分布受到裂缝扩展的影响越来越显著,形成的裂缝沿着射孔段中点的非对称性越来越明显,且非对称性随着 σ_1/σ_3 值的增加而加剧,导致该现象的主要原因为水力压裂产生微裂缝后,流体优先沿着这些微裂缝向煤岩中流动,最终导致微裂缝中孔隙压力升高,进一步促进微裂缝的增长。

3.2 节中建立的水力压裂的数学模型亦给出了裂缝周围孔隙压力升高的力学机理,与数值模拟计算结果一致,说明建立的数学模型具有较高的计算精度。

综上所述:(1)裂缝扩展长度随着 σ_1/σ_3 值的增加而逐渐降低,且裂缝扩展方向向 σ_3 的方向上发生了偏移,这是由于随着 σ_3 值的降低,裂缝在平行于 σ_3 方向上受到的力变小,迫使裂缝扩展的方向发生转移。3.2 节中的数学模型中也给出了造成这种偏移的力学机理,说明建立的数学模型可以较好地描述水力压裂过程中裂缝起裂与裂缝扩展规律。(2)煤岩水力压裂过程中,应力的非均匀性不利于裂缝网的形成,水力压裂改造面积随着应力非均匀性的增加而降低。

如图 3-10 所示,当压裂液注入时间 $t=22.4\text{min}$ 时,取 K 分别为 $1:1$、$1.1:1$、$1.2:1$,水力压裂形成裂缝条数分别为 6 条、4 条和 3 条,即随着 K 值的增大,裂缝条数逐渐减少,当 K 值为 1 时水力压裂形成的裂缝条数达到最多。

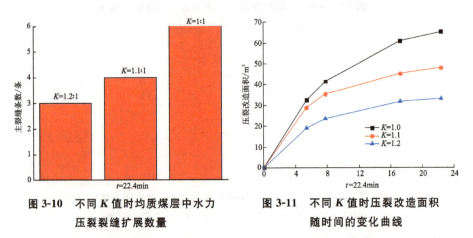

图 3-10　不同 K 值时均质煤层中水力　　　图 3-11　不同 K 值时压裂改造面积

　　　　压裂裂缝扩展数量　　　　　　　　　随时间的变化曲线

图 3-11 为不同 K 值条件下,水力压裂改造面积随压裂时间的变化曲线。随着 K 值的增大,各个时间段的压裂改造面积逐渐减少,当 $t=22.4\text{min}$ 时压裂改造面积分别为 65.3m^2、48.2m^2 与 33.4m^2;压裂改造面积随着时间的推移逐渐增加,然而改造面积扩展幅度逐渐降低,主要是由于随着水力压裂时间的推移,水力压裂裂缝的缝长增长减缓。综上所述,在地应力分布不均匀煤层中进行水力压裂时,应采

取相应的措施控制裂缝沿着煤层高度方向的扩展,增加裂缝沿着煤层走向方向的扩展长度,以提高水力压裂面积。

影响煤层水力压裂裂缝起裂与扩展的因素很多,本书针对一些主要因素如注入压力、弹性模量与压裂液黏度等进行定量分析,研究其对水力压裂裂缝扩展的影响。地层的基本参数见表 3-1,K 值取 1.2。

1. 注入压力

为了研究裂缝扩展形态与注入压力的关系,保持其他参数不变,单独改变注入压力,令注入压力以 2MPa 的增量从 15MPa 增加到 25MPa。图 3-12 为不同注入压力条件下的裂缝压力与裂缝长度关系图。

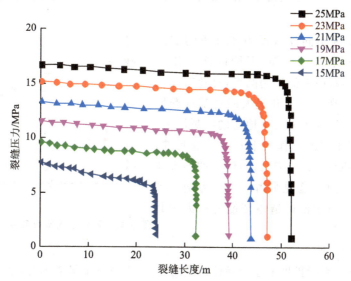

图 3-12　不同注入压力时,裂缝压力与裂缝长度的关系曲线

由图 3-12 可知,不同注入压力时,裂缝内压力分布曲线形态大体相同。压力在靠近裂缝尖端处迅速下降,几乎形成一条垂直的竖线。这是因为缝宽在靠近裂尖处迅速变窄,压裂液难以进入,当缝宽趋于零时,裂缝尖端周围的裂缝面受到的拉应力急剧下降。同时,随着注入压力的增大,裂缝面内水力压力衰减逐渐变缓,水力压降曲线趋于平滑,这是由于注入压力增大时,压裂液作用在裂缝面上的拉应力增大,裂缝逐渐变宽,压裂液的压降梯度就越小,因而压裂液的压降曲线变化就越平缓。此外,注入压力对裂缝形态具有决定性的作用,图 3-13 和图 3-14 分别为裂缝长度和裂缝最大宽度与注入压力的关系曲线。

由图 3-13、图 3-14 可知,随着注入压力的增加,裂缝长度呈线性增加,裂缝最大缝宽也以近似线性形式增长,说明压裂液的造缝作用随注入压力增大而持续增强。

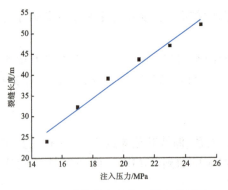

图 3-13　裂缝长度与注入压力关系图

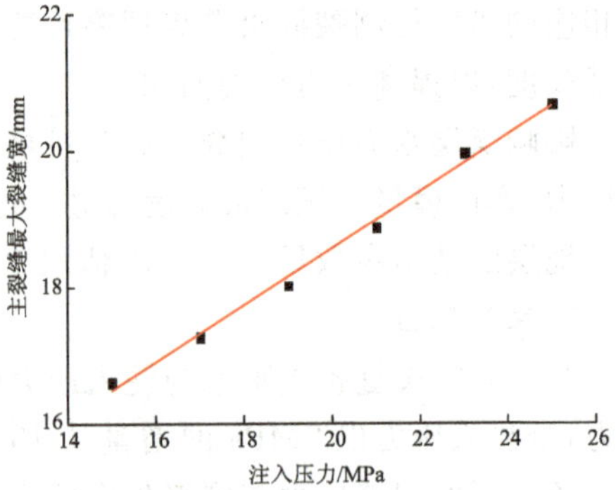

图 3-14　裂缝最大宽度与注入压力关系图

　　图 3-15 为不同注入压力条件下的裂缝形态图。由图 3-15 可知,不同的注入压力下,裂缝的形状都近似于椭圆形,且随着注入压力的升高,裂缝缝长和最大缝宽都逐渐增大,说明一旦注入压力大于地层的起裂压力,裂缝就会在压裂液的作用下不断扩展延伸,裂缝体积不断增大;压裂后期,缝宽的增大速率要略大于缝长,这说明当注入压力增大到一定程度后,压裂液的造缝宽能力略大于其造缝长能力。

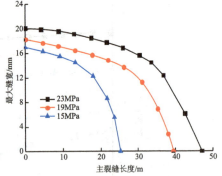

图 3-15　不同注入压力条件下的裂缝形态

2. 弹性模量

　　为了研究裂缝扩展形态与弹性模量的关系,保持其他参数不变,令压裂液的注入压力为 21MPa,单独改变煤岩弹性模量,令弹性模量值以 1GPa 的增量从 3GPa 增加到 8GPa。图 3-16 与图 3-17 为不同煤岩弹性模量条件下,裂缝长度与最大缝宽的变化曲线。

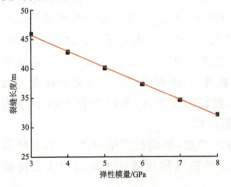

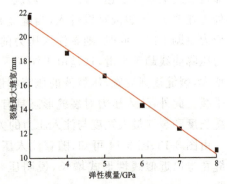

图 3-16　裂缝长度随弹性模量的变化曲线

图 3-17　裂缝最大缝宽随弹性模量的变化曲线

3.压裂液黏度

为了研究水力压裂裂缝扩展形态与压裂液黏度的关系,保持其他参数不变,即压裂液排量 4m³/min,抗拉强度 1.4MPa,煤岩弹性模量 3.7GPa,令注水压力 17MPa,仅单独改变压裂液黏度取值范围,压裂液黏度以 1mPa·s 的增量从 1mPa·s 增加到 8mPa·s。图 3-18、图 3-19 为缝长和最大缝宽随压裂液黏度的变化曲线。

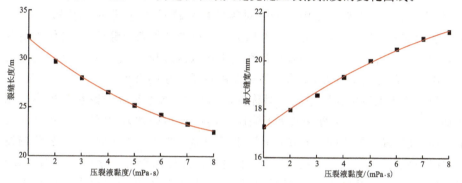

图 3-18 缝长随压裂液黏度的变化曲线   图 3-19 裂缝最大缝宽随压裂液黏度的变化曲线

由图 3-18、图 3-19 可知,随着压裂液黏度的增大,水力压裂裂缝缝长不断递减,然而变化速率逐渐减慢。同时,水力压裂裂缝最大缝宽随着压裂液黏度的增加而增大,但增长速率逐渐变缓,可知压裂液黏度对水力压裂裂缝的缝长与缝宽在一定的范围内有影响。随着压裂液黏度的增大,裂缝中的切向流动阻力越大,导致裂缝扩展困难而缝宽增大,缝长和最大缝宽随压裂液黏度的变化呈现出完全相反的变化趋势。

图 3-20 所示为不同压裂液黏度条件下的

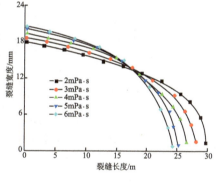

图 3-20 不同压裂液黏度条件下的裂缝形态

裂缝形态。由图可知,当压裂液黏度增大时,裂缝变得宽而短;当压裂液黏度减小时,裂缝变得窄而长,与上述分析相吻合。

3.3.2 非均质煤层

为了研究地应力非均匀性对煤岩水力压裂过程中裂缝起裂及扩展规律的影响,保持其他参数不变,σ_1/σ_3 分别取为 1:1、1.1:1 和 1.2:1,非均质煤层条件下(即煤层中有隔层,上下隔层的厚度均为 1m)的计算结果如图 3-21~图 3-23 所示。图中彩色部分表示水力压裂过程中煤岩发生破坏的区域,用应变来表征水力压裂裂缝形状及其扩展方向。

图 3-21～图 3-23 给出了不同压裂液注入时刻,非均质煤岩地层中的裂缝扩展规律。从图 3-21～图 3-23 可以看出破坏区域仍然首先发生在射孔段,随着压裂液注入时间的增加,裂缝逐渐向远离井筒的位置扩展,并由一条裂缝扩展直至形成裂缝网。在压裂初期,煤岩内的孔隙压力分布较为均匀,裂缝基本上沿着射孔段中点对称分布;随着压裂液注入时间的增加,孔隙压力分布受到裂缝扩展的影响越来越显著,形成的裂缝沿着射孔段中点的非对称性越来越明显,且非对称性随着 σ_1/σ_3 值的增加而加剧,导致该现象的主要原因为水力压裂产生微裂缝后,流体优先沿着这些微裂缝向煤岩中流动,最终导致微裂缝中孔隙压力升高,进一步促进微裂缝的增长。由于中间隔层的存在,水力压裂裂缝出现了穿层的现象。当 $K=1.0$ 时,水力压裂裂缝基本上以射孔段中线为对称轴向前扩展,次生裂缝的数量和规模大幅度增加,$t=36.7\text{min}$ 时,裂缝穿透上下隔层。随着 K 值的增大,裂缝向前扩展长度逐渐减小,且裂缝扩展方向向 σ_3 方向上发生了偏移。当 $K=1.1$ 时,由于裂缝的偏移,裂缝仅穿透了上盖层,裂缝在储层与上盖层边界处出现应力集中。当 $K=1.2$ 时,裂缝向 σ_3 方向上发生更大的偏移,在储层与上盖层边界处的应力集中更加显著,边界处的裂缝比较发育。

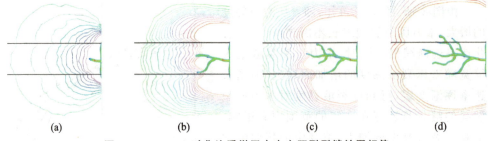

(a)   (b)   (c)   (d)

图 3-21　$K=1.0$ 时非均质煤层中水力压裂裂缝扩展规律

(a)$t=6.9\text{min}$;(b)$t=12.5\text{min}$;(c)$t=24.1\text{min}$;(d)$t=36.7\text{min}$

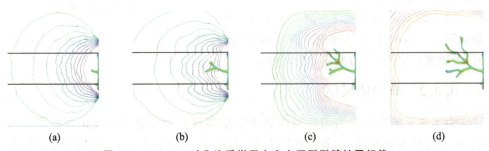

(a)   (b)   (c)   (d)

图 3-22　$K=1.1$ 时非均质煤层中水力压裂裂缝扩展规律

(a)$t=6.9\text{min}$;(b)$t=12.5\text{min}$;(c)$t=24.1\text{min}$;(d)$t=36.7\text{min}$

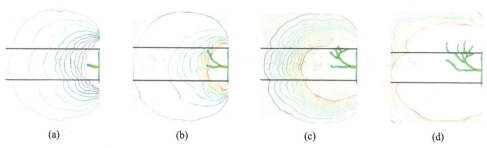

(a)　　　　　　　　(b)　　　　　　　　(c)　　　　　　　　(d)

图 3-23　$K=1.2$ 时非均质煤层中水力压裂裂缝扩展规律

(a)$t=6.9$min；(b)$t=12.5$min；(c)$t=24.1$min；(d)$t=36.7$min

3.4　本章小结

（1）本章从描述空间流体流动的 Navier-Stoke 方程出发，结合边界条件从理论上构成流体运动状态的完备描述，建立了煤岩水力压裂裂缝起裂数学模型，并利用 Ansys 二次开发语言 APDL 实现了该数学模型的数值求解。数值模拟结果表明，该数学模型及数值解法在理论上是正确和合理的，较符合实际情况。

（2）均质煤层中压裂起始于射孔段，裂缝基本上沿着射孔段中点对称分布；随着压裂液注入时间的增加，裂缝扩展长度随着 K 值的增加而逐渐减少，且裂缝扩展方向沿 σ_3 的方向上发生了偏移，非对称性加剧。煤岩水力压裂过程中，应力的非均匀性不利于多条裂缝的形成，水力压裂改造面积随着应力非均匀性的增加而降低，应采取相应的措施控制裂缝沿着煤层高度方向的扩展，增加裂缝沿着煤层走向方向的扩展长度，以提高水力压裂改造产层的面积。

（3）本章研究了注入压力、煤岩弹性模量以及压裂液黏度对水力压裂裂缝扩展的影响。注入压力对裂缝形态具有决定性的作用，水力压裂裂缝长度与最大缝宽随注入压力的增大呈线性增长，水力压裂后期的造缝宽能力略大于造缝长能力；水力压裂裂缝缝长和最大缝宽均随煤岩弹性模量的增大而减小，基本上呈线性反比关系；压裂液黏度对水力压裂裂缝缝长和最大缝宽在一定范围内有显著影响，最大缝宽随着压裂液黏度的增大而增大，缝长则以近似指数函数形式递减。

（4）非均质煤层中，水力压裂裂缝的扩展规律与均质煤层内的裂缝变化规律大体相同。但由于中间隔层的存在，水力压裂裂缝出现了穿层的现象。随着 K 值的增大，裂缝向 σ_3 方向上发生偏移，裂缝由穿透上下隔层到仅穿透上隔层，储层与上盖层边界处的应力集中越来越显著，边界处的裂缝由较少发展变为比较发育。

4　煤岩水力压裂裂缝扩展机理的试验研究

4.1　引言

　　煤岩储层各向异性特征较为显著,这不仅对储层的强度、力学性质和水力压裂裂缝的起裂等有重大影响,还可能导致水力压裂过程中裂缝在层理处发生分叉和转向,进一步影响裂缝形态和整体压裂效果。由于目前还缺乏经济、有效的方法来监测水力压裂过程中煤层内裂缝的起裂和扩展,导致对裂缝扩展规律的认识还不十分清楚。因此,利用室内试验对水力压裂裂缝扩展规律进行研究是一种行之有效的方法,对认识网状裂缝的形成机理具有重要意义。

　　针对煤岩储层复杂的层理构造特征,在各向异性材料裂纹尖端应力场分布特征的基础上,分析了 Ⅰ 型断裂韧性的各向异性,研究了断裂机制的各向异性特征。基于室内大尺寸原煤水力压裂物理模拟试验,分析了水力压裂裂缝的复杂延伸规律,初步揭示了网状裂缝的形成机理,探讨了影响裂缝网络形成的主控因素。

4.2　裂纹尖端应力场与水力压裂裂缝起裂准则

4.2.1　各向异性材料裂纹尖端应力场

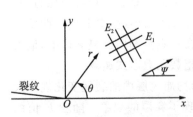

图 4-1　各向异性材料裂纹尖端

　　煤岩的脆性较强,可根据线弹性断裂力学分析裂缝的失稳扩展。其中,应力强度因子是判断裂纹失稳扩展状态的重要指标。因此,分析各向异性材料裂纹尖端应力场的分布特征,并认识煤岩断裂韧性的各向异性,对进一步分析水力压裂裂缝的复杂扩展规律具有重要意义。图 4-1 为各向异性材料裂纹尖端的局部坐标系示意图,假定裂纹长度为 $2a$。

　　裂纹尖端的应力场如下:[1]

---

　　[1]　Sih G C,Paris P C,Irwin G R. On cracks in rectilinearly anisotropic bodies[J]. International Journal of Fracture Mechanics,1965,1(3):189-203.

$$\begin{cases}
\sigma_x = \dfrac{K_{\text{I}}}{\sqrt{2\pi r}}\text{Re}\left[\dfrac{a_1 a_2}{a_1 - a_2}\left(\dfrac{a_2}{\eta_2} - \dfrac{a_1}{\eta_1}\right)\right] + \dfrac{K_{\text{II}}}{\sqrt{2\pi r}}\text{Re}\left[\dfrac{1}{a_1 - a_2}\left(\dfrac{a_2^2}{\eta_2} - \dfrac{a_1^2}{\eta_1}\right)\right] \\[3mm]
\sigma_y = \dfrac{K_{\text{I}}}{\sqrt{2\pi r}}\text{Re}\left[\dfrac{1}{a_1 - a_2}\left(\dfrac{a_2}{\eta_2} - \dfrac{a_1}{\eta_1}\right)\right] + \dfrac{K_{\text{II}}}{\sqrt{2\pi r}}\text{Re}\left[\dfrac{1}{a_1 - a_2}\left(\dfrac{1}{\eta_2} - \dfrac{1}{\eta_1}\right)\right] \\[3mm]
\tau_{xy} = \dfrac{K_{\text{I}}}{\sqrt{2\pi r}}\text{Re}\left[\dfrac{a_1 a_2}{a_1 - a_2}\left(\dfrac{1}{\eta_1} - \dfrac{1}{\eta_2}\right)\right] + \dfrac{K_{\text{II}}}{\sqrt{2\pi r}}\text{Re}\left[\dfrac{1}{a_1 - a_2}\left(\dfrac{a_1}{\eta_1} - \dfrac{a_2}{\eta_2}\right)\right]
\end{cases} \tag{4-1}$$

$$\eta_i = \sqrt{\cos\theta + a_i \sin\theta} \quad (i = 1, 2)$$

式中：K_{I} 为材料 I 型裂纹的应力强度因子，MPa・$m^{0.5}$；K_{II} 为材料 II 型裂纹的应力强度因子，MPa・$m^{0.5}$；a_i 为材料特征参数，$i=1,2$，a_i 与 Ψ 有关；Ψ 为材料主方向 1 与 x 轴的夹角；θ 为极角；r 为局部坐标系 x-O-y 下任意一点在相应极坐标系下的极径。

对各向异性材料，各向异性影响着应力场的强度，这可通过断裂韧性得以体现。[1] 若地层首先出现剪切破裂，在裂缝延伸过程中仍主要形成沿裂缝面的张拉破裂，水力压裂裂缝主要为张开型裂缝。由于煤岩压裂试样内的层理基本都沿地应力方向，水力压裂裂缝沿层理等发生剪切破裂的可能性较小，仍主要为张开型裂缝的失稳扩展。

因此，本章在讨论煤岩储层水力压裂裂缝的扩展规律时，假定水力压裂裂缝为张拉裂缝，即水力压裂裂缝的延伸主要为 I 型裂缝的失稳扩展。在研究煤岩断裂韧性各向异性时，仅考虑 I 型裂纹的断裂韧性。

4.2.2 张拉裂缝的起裂准则

基于张拉破裂准则预测的起裂压力比其他任何破裂准则都精确，因此在水力压裂设计中多采用张拉破裂准则来预测水力压裂裂缝起裂。[2]

地层水力压裂破裂压力的大小与地应力大小密切相关，当井壁围岩周向应力超过地层抗拉强度时水力压裂裂缝起裂：

$$\sigma_\theta = -\sigma_t \tag{4-2}$$

式中，σ_θ 为井壁轴向应力，MPa；σ_t 为地层抗拉强度，MPa。

4.3 煤岩断裂韧性的各向异性

由 4.2 节分析可知，若 $\Psi=0°$ 和 $90°$，I 型裂纹应力强度因子的临界值分别为

---

① Dai F，Xia K W. Laboratory measurements of the rate dependence of the fracture toughness anisotropy of Barre granite[J]. International Journal of Rock Mechanics and Mining Science，2013(60)：57-65.

② Hossain M M，Rahman M K，Rahman S S. Hydraulic fracture initiation and propagation：Roles of wellbore trajectory，perforation and stress regimes[J]. Journal of Petroleum and Engineering，2000，27(3)：129-149.

方向 1 和方向 2 上的断裂韧性值;当方向 1 和方向 2 分别沿水平层理和垂直层理时,两者的断裂韧性值可由相关力学试验测得。

4.3.1　三点弯曲试验方法

三点弯曲试验是在 RMT 试验机上进行,试样尺寸为 $\phi50mm \times 200mm$。三点弯曲试验分别取轴向平行层理和垂直层理的圆柱试样进行试验,试样内的切口采用直切口形式,切口平面与层理的相对位置见图 4-2(图中虚线表示煤岩的层理)。

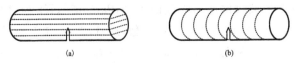

(a)　　　　　　　　　　　(b)

图 4-2　切口平面与层理的相对位置

(a)切口平面垂直层理;(b)切口平面平行层理

加工好的煤岩试样直径约为 50mm,长度为 200mm,切口深度为 20mm,宽度为 1~1.5mm。三点弯曲切口先用金刚石锯片加工,再用单面刀片将切槽根部刻画尖锐。

如图 4-3 所示,进行不同层理角度煤岩三点弯曲试验时,保证试件准确对中置于试验夹具上,且试件切口中心线位于两支撑点正中间。为减少试验测试结果的离散性,选取不含宏观结构面的相对较完整的煤岩试样,且每组试验至少成功 3 块,并取测试结果的平均值。试验过程中,采用切口张开位移速率控制模式,控制速率为 0.0002mm/s。

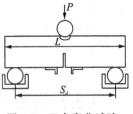

图 4-3　三点弯曲试验示意图

4.3.2　煤岩三点弯曲试验结果

根据《水利水电工程岩石试验规程》(SL 264—2001),煤岩断裂韧性的计算公式为:

$$K_{IC} = 0.25 \frac{S_d}{D} \frac{P_{max}}{D^{1.5}} y\left(\frac{a}{D}\right) \tag{4-3}$$

$$y\left(\frac{a}{D}\right) = \frac{12.75 \left(\frac{a}{D}\right)^{0.5} \left[1 + 19.65 \left(\frac{a}{D}\right)^{4.5}\right]^{0.5}}{\left(1 - \frac{a}{D}\right)^{0.25}} \tag{4-4}$$

式中:K_{IC} 为断裂韧性,MPa·m$^{0.5}$;S_d 为两支撑点间的距离,试验时始终保持为 160mm;D 为试样的直径,mm;P_{max} 为断裂破坏时的荷载,N;a 为切口深度,mm。

由式(4-3)和式(4-4)可知,断裂韧性与岩石材料固有的力学性质无关,仅与试样尺寸、切口几何形状和断裂时的荷载有关。根据上式计算求得两种情况下煤岩的断裂韧性见表 4-1。

由表 4-1 可知,当切口平面与层理垂直时,煤岩的断裂韧性最大,平均值为

0.364MPa · m$^{0.5}$;而当切口平面与层理平行时,煤岩的断裂韧性为 0.120MPa · m$^{0.5}$,前者为后者的 3.03 倍,各向异性较显著。以上试验结果说明煤层内层理阻止裂缝扩展的能力较弱,裂缝易沿层理扩展,若主裂缝垂直层理扩展时,极有可能会在层理处发生分叉、转向现象。

表 4-1　　　　　　　　　　煤岩断裂韧性测试结果

切口平面与层理的相对位置	切口深度/mm	切口宽度/mm	直径/mm	峰值荷载/N	断裂韧性/(MPa · m$^{0.5}$)	断裂韧性平均值/(MPa · m$^{0.5}$)
垂直	18.92	1.58	49.61	562.72	0.409	0.364
	20.73	1.63	49.74	479.43	0.385	
	19.44	1.46	50.38	421.07	0.298	
平行	20.38	1.55	50.21	145.90	0.111	0.120
	20.15	1.57	49.82	177.04	0.136	
	19.27	1.66	49.65	151.27	0.112	

4.3.3　煤岩三点弯曲破坏的各向异性分析

图 4-4 给出了切口平面垂直层理和平行层理两种情况下的煤岩三点弯曲的典型破裂样式,裂缝的扩展路径相差较大,具体分析如下。

(a)　　　　　　　　　　　　　　　(b)

图 4-4　煤岩三点弯曲破坏样式
(a)切口平面垂直层理;(b)切口平面平行层理

(1)切口平面与层理垂直时:裂缝并不是在切口的尖端起裂,而是在靠近切口尖端的某一位置沿着层理起裂;在荷载的作用下,裂缝沿层理方向逐渐扩展,同时裂缝尖端的张拉应力平行于裂缝扩展方向,此时产生次生裂缝,该裂缝沿近似平行切口方向扩展,破裂后的试样包含两条近似垂直的裂缝。

(2)切口平面与层理平行时:裂缝在切口尖端起裂,并沿该方向继续扩展,直至完全断裂形成相等的两部分,断裂路径较平直光滑,基本上沿着煤岩层理。

通过对煤岩三点弯曲断裂时的裂缝扩展路径和断裂面的形态分析可知,造成煤岩断裂韧性各向异性的主要原因为裂缝在扩展过程中的韧化效应各向异性。对层状沉积岩体,断裂过程中的主要韧化机制为层理开裂、断裂路径偏移和分层剥离。当煤岩断裂时,往往存在不止一种韧化机制,韧化机制同时存在得越多,即意味着更强的断裂韧性。造成试验测试的两种层理方位煤样断裂韧性各向异性的原因主要是层理开裂和断裂路径偏移。当切口面垂直层理时,煤岩断裂韧性最大,其原因为裂缝在扩展过程中出现层理开裂和断裂路径偏移两种韧化机制。当切口面平行层理时,煤岩断裂韧性最小,试样在扩展过程中没有出现任何一种韧化机制,其断裂主要为裂缝沿层理的扩展。

4.4　大尺寸原煤水力压裂物理模拟试验

本节通过室内水力压裂物理模拟试验系统,对大尺寸原煤进行了水力压裂模拟试验,实时监测了水力压裂裂缝的扩展过程,并根据水力压裂裂缝的空间展布形态分析了煤岩储层水力压裂裂缝的延伸规律,初步揭示了网状裂缝的形成机理,探讨了影响复杂裂缝形态的控制因素。

4.4.1　水力压裂试验系统简介

根据室内水力压裂物理模拟试验的要求,水力压裂模拟试验系统必须具备大尺寸真三轴加载和泵压伺服控制系统。[①] 此外,为了对压裂效果进行评价,室内水力压裂模拟系统中引进了声发射空间实时监测定位系统。因此本试验系统共分为三大部分:岩土工程真三轴伺服加载系统、水力压裂泵压伺服控制系统和 Disp 声发射监测系统。

1. 岩土工程真三轴伺服加载系统

三向加载电液伺服真三轴模拟试验机如图 4-5 所示,与同类设备相比,它具有以下优越性:

(1)试验机可通过轴向加载系统对 X、Y、Z 三个方向独立加压,更真实地模拟煤岩的三向受力状态。

(2)加载吨位大,试验机三个方向的最大载荷均可达 3000kN。

(3)试件尺寸大。本装置最大加载试样尺寸可达 $800mm \times 800mm \times 800mm$,满足本试验立方体试样边长 300mm 的要求。

(4)加载压力均匀性较好,可将轴向力均匀地加载到试样的各个受力面上。

(5)加载受力控制性较好。放入试验机的试样同一受力方向两个面同时加载,并可有效避免偏心受力和弯矩的产生。

为了满足水力压裂过程中进行声发射监测的要求,对加载板进行了改造,在加载板端面预制了 12 个 $\phi 25mm$ 的声发射探头放置孔,试验时可根据声发射三维定位效果来调整探头位置,满足空间监测的效果,图 4-6 为试验机加载板。

---

① 姜婷婷,张建华,黄刚.煤岩水力压裂裂缝扩展形态的试验研究[J]. 岩土力学,2018,39(10):3677-3684.

图 4-5　真三轴物理模型试验机　　　　图 4-6　试验机加载板

2. 水力压裂泵压伺服控制系统

图 4-7 为压裂泵伺服控制系统,其参数为:设计最高输出压力 100MPa,分辨率 0.05MPa,测量精度 1%;增压器有效容积 800mL,配备 210mm 位移传感器,体积分辨率 0.15mL,精度 1%;采用高灵敏度电液伺服阀,且进回油口均配备蓄能器,以提高系统的动态响应,保证伺服阀工作的稳定性。

水力压裂泵压伺服控制系统具有程序控制器,可以以恒定排量泵注液体,也可按预先设定的程序泵注,试验过程中利用数据采集系统记录泵压、排量等参数。在压裂过程中,一般采用定排量控制,即位移控制模式,本次压裂试验采用 30mL/min、60mL/min 和 90mL/min 的定排量水力压裂。

3. Disp 声发射监测系统

图 4-8 为 Disp 声发射监测系统,其被广泛地应用于岩石材料监测等领域。进行室内水力压裂试验时采用 8 只工作频率为 15～70kHz,中心频率为 40kHz 的 ϕ22mm×36.8mm 声发射探头。为提高监测效果,在模拟水平地应力的四个端面各非对称放置两个声发射探头,并采用耦合剂将探头与试样黏结,以便有效监测试样内的裂缝信息。

图 4-7　压裂泵伺服控制系统　　　　图 4-8　Disp 声发射检测系统

4.4.2 大尺寸原煤水力压裂模拟试验方案

在水力压裂过程中，通过调整压裂参数，获得最大范围的网状裂缝，是评价水力压裂成功与否的关键。对室内水力压裂模拟试验，通过分析不同压裂参数下裂缝的延伸规律可获得影响网状裂缝形成的主次因素。室内水力压裂试验包括水力压裂和裂缝监测两个过程，在水力压裂过程中采用红色示踪剂追踪裂缝的扩展信息，通过红色示踪剂的波及范围表征裂缝的延伸形态，并根据不同压裂参数下水力压裂裂缝的空间展布形态及裂缝复杂度分析影响网状裂缝的主控因素。

1. 压裂试样制备

水力压裂所用的试样均采自河南省焦作矿区的山西组二₁煤层，现场获取的煤岩加工成边长 300mm 的立方体试样，图 4-9 为大尺寸试样现场切割图。采用外径 24mm 的金刚石钻头在试样上沿着垂直层理方向钻孔，孔深为 170mm，以模拟压裂井眼。

图 4-10 为压裂井模拟图，采用外径 20mm、内径 15mm 的高强度钢管模拟套管，且在距离管口一端 135～165mm 位置处对称切割 1.5mm 宽的缝以模拟射孔；对钢管底端焊接封闭，上端内置螺纹以便与水力压裂泵压伺服控制系统的泵管线密封连接，且用高强度黏结剂将套管与预制井眼封固。高强度黏结剂采用环氧灌封胶，使用时将 A 组分和 B 组分以 5∶1 的配比混合，为了避免固化不完全需要充分搅拌均匀，常温条件下试样至少养护 24h。图 4-11 为割缝套管，在套管割缝处采用棉纱自管外向内充填，充填部分长度为割缝长度 30mm，并保证管外剩余棉花长度为 2～5mm。

图 4-9　现场切割图　　4-10　压裂井模拟图　　图 4-11　割缝套管

图 4-12 为煤层气藏压裂井模拟示意图，垂直层理方向即沿井眼方向加载垂向地应力，而在平行层理方向分别加载水平最大和水平最小地应力。根据煤层实际情况，煤层垂向地应力为 23.4MPa，水平最大和水平最小地应力分别为 25.7MPa 和 16.7MPa。根据试验设备条件与相似理论公式，取应力相似比为 5，室内水力压裂试验时的三向加载应力分别为 σ_v=4.68MPa、σ_H=5.14MPa、σ_h=3.34MPa。

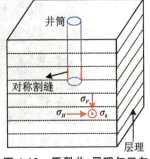

图 4-12　压裂井、层理与三向
地应力相对方位

2.试验过程

采用真三轴岩土工程模型试验机模拟地层的三向应力状态,水力压裂泵压伺服系统精确控制压裂液排量,8通道 Disp 声发射定位监测系统实时监测水力压裂过程中裂缝的起裂和延伸信息。试验中采用航空液压油作为压裂液,它具有压缩性小和高压下性质稳定等优点。在压裂液中添加红色示踪剂,通过红色示踪剂的波及范围表征水力压裂裂缝的延伸状态。

试验时需要大型岩土工程真三轴伺服加载系统、水力压裂泵压伺服控制系统和声发射三维定位监测系统协同工作,其具体步骤为:

(1)现场采集的煤岩经水力切割后加工成边长 300mm 的标准立方体压裂试样,切割时保证端面与层理平行。在压裂试样内部钻直径 24mm、深 170mm 的圆孔模拟井眼,下入割缝套管,用高强黏结剂将套管与试样封固,并保证其密封性,待固化 24h 后达到套管与试样的高黏结强度时将试样放入真三轴加载室内。

(2)在压裂试样平行井眼轴线的 4 个端面各非对称放置 2 个声发射探头,并用耦合剂将声发射探头与试样黏结,以便有效监测试样内部水力压裂裂缝的起裂与延伸信息。用航空液压油作为压裂液,并在压裂液中添加少量红色示踪剂,跟踪水力压裂裂缝的起裂与延伸信息,以便试验后剖开试样观察水力压裂裂缝的空间展布形态和延伸规律。

(3)试样装载完成后,用真三轴物理模型试验机完成三向地应力加载,三向地应力加载完成后由伺服系统稳压,并保持三向伺服控制系统的压力稳定。启动水力压裂泵压伺服控制系统和声发射监测系统,以泵压排量为控制模式向试样内注入压裂液,电脑同步实时采集水力压裂过程中的泵注压力、活塞位移和相应声发射信息。

(4)待试样形成稳定的裂缝通道后,首先关闭水力压裂泵压伺服控制系统,待泵压逐渐降低至稳定值后停止数据采集和声发射信息监测,并将真三轴物理模型试验机加载压力平稳卸载至零。

(5)拆卸试样,对压裂后试样的六个端面用高清数码相机进行拍照记录,并用肉眼观察每个端面的红色示踪剂痕迹,初步识别水力压裂裂缝信息和各端面的裂缝形态。

(6)根据压裂后形成的水力压裂裂缝通道对试样进行剖切,追踪红色示踪剂,进一步分析水力压裂裂缝的延伸规律。综合分析水力压裂泵压-时间曲线、声发射监测信息及试样内红色示踪剂描述的裂缝延伸信息,对水力压裂裂缝的起裂和扩展规律及空间展布形态进行综合分析,初步探讨煤岩储层水力压裂网状裂缝的形成机理。

4.5 煤岩水力压裂裂缝扩展规律研究

煤岩压裂试样内部的裂缝形态更能直观反映水力压裂裂缝的延伸规律和复杂

程度,是评价压裂改造效果的重要手段。分析水力压裂裂缝的扩展规律时,声发射定位监测系统和红色示踪剂裂缝延伸追踪是研究水力压裂裂缝扩展规律最常用的方法。本书通过对煤层气藏压裂井的水力压裂模拟试验,分析了水力压裂微裂缝延伸规律及裂缝的空间展布形态。表 4-2 为压裂试样的试验参数。

表 4-2　　　　　　　　　　　煤岩水力压裂试验参数

试样编号	三向地应力/MPa			地应力差异系数	泵注排量/(mL/min)
	σ_v	σ_H	σ_h		
JZ-HF-1	4.68	5.14	3.34	0.54	30
JZ-HF-3	4.68	5.14	3.34	0.54	60
JZ-HF-2	4.68	5.14	3.34	0.54	90
JZ-HF-10	4.68	5.14	3.67	0.4	30
JZ-HF-4	4.68	5.14	3.02	0.7	30

表 4-2 中,地应力差异系数定义为:

$$k = \frac{\sigma_H - \sigma_h}{\sigma_h} \tag{4-5}$$

式中:σ_H 为水平最大主应力,MPa;σ_h 为水平最小主应力,MPa。

对煤岩储层,水力压裂后试样 JZ-HF-4 沿最大水平主应力方向开裂,形成单一裂缝;试样 JZ-HF-2 沿层理开裂,形成相对简单的裂缝;而其余试样都形成了网状裂缝。分析后认为:煤岩层理、微裂缝发育程度、地应力大小和压裂液排量均是形成网状裂缝的关键。如图 4-13(a)所示,当地应力差异系数为 0.7 时,水力压裂裂缝沿最大地应力方向起裂并延伸,形成垂直层理的单一裂缝。压裂液排量为 90mL/min 时,尽管垂向地应力较大,水力压裂裂缝仍沿层理起裂并延伸[图 4-13(b)]。如图 4-13(c)所示,在水力压力作用下,水力压裂裂缝沿水平最大地应力方向起裂并延伸,形成垂直层理的主裂缝,在主裂缝延伸过程中会在弱层理处转向并沿层理继续扩展,主裂缝会发生分叉、转向现象,产生沿层理延伸的次生裂缝,最终形成正交的复杂裂缝网络。

 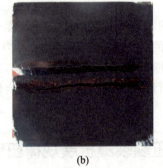 

(a)　　　　　　　　　　(b)　　　　　　　　　　(c)

图 4-13　煤岩水力压裂裂缝形态
(a)试样 JZ-HF-4;(b)试样 JZ-HF-2;(c)试样 JZ-HF-10

鉴于本书集中在通过一套完整的水力压裂裂缝表征方法对裂缝的空间展布形态及扩展规律进行研究,这里通过试样 JZ-HF-3 的压裂试验结果进行详细分析。

4.5.1　压裂后裂缝剖切

为了直接观察压裂后试样 JZ-HF-3 的裂缝形态,并对声发射三维空间定位监测到的水力压裂裂缝扩展规律的有效性进行判别,对压裂后的煤岩试样根据水力通道内红色示踪痕迹进行了剖切,通过红色示踪剂观察水力压裂裂缝的空间展布形态。图 4-14 为压裂后垂直层理方向与平行层理方向上的裂缝形态,由于压裂后试样在搬抬过程中难免有一定的损伤,因此此处给出关键部位的裂缝形态和延伸特征。

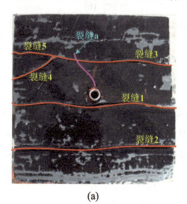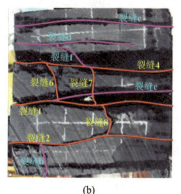

(a)　　　　　　　　　　　　(b)

图 4-14　试样 JZ-HF-3 压裂后裂缝形态

(a)垂直层理方向;(b)平行层理方向

由图 4-14 可知,声发射三维空间定位监测到的裂缝形态与试样的压裂裂缝形态大体相同,说明采用声发射监测水力压裂裂缝的扩展具有较高的精度。但仍有一些裂缝没有被检测到,这与压裂裂缝在扩展过程中声发射能量较低或裂缝为天然裂缝有关。

由图 4-14(b)可以看出,试样表面有多条沿层理方向扩展的水力压裂裂缝,正是这些压裂缝沟通了弱层理或天然裂缝,使水力压裂裂缝发生分叉、转向等现象,并最终形成相互交错的裂缝网络。

图 4-15 为试样 JZ-HF-3 剖切后的局部裂缝形态,由图可知:煤岩储层水力压裂裂缝垂直层理沿水平最大主应力方向起裂,并近似沿水平最大主应力方向扩展,裂缝扩展至天然裂缝处发生转向、分叉现象。同时,水力压裂裂缝在延伸过程中在弱层理面起裂,沟通了层理,形成了纵横交错的裂缝网络,达到了改造煤层气藏的目的。

综上所述,煤岩储层天然裂缝、层理较发育,存在大量裂隙,非均质性较强,压裂改造后形成的裂缝形态较复杂,不同于常规砂岩储层的 180°双翼对称平面裂缝。煤岩储层内水力压裂裂缝与天然裂缝及层理相互作用后产生的分叉、转向等延伸形态是影响裂缝沟通效果及复杂程度的关键。

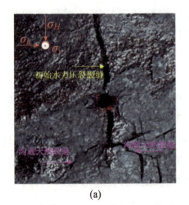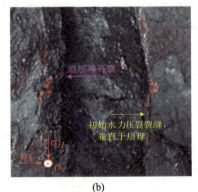

(a)   (b)

图 4-15   试样 JZ-HF-3 剖切后的裂缝

(a)垂直层理方向；(b)平行层理方向

4.5.2   声发射监测研究

图 4-16 分别给出了大型水力压裂试验声发射传感器的三维空间分布图和不同视角的平面分布图。水力压裂过程中共使用了 8 个声发射传感器，并将它们平均分成 4 组，分别置于上、下、左、右四个平面上，同一平面内的两个探头呈对角线分布。

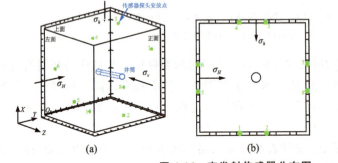

(a)   (b)   (c)

图 4-16   声发射传感器分布图

(a)三维空间分布图；(b)垂直层理方向(c)平行层理方向

由图 4-16 可知，点 O 为三维坐标系的原点，X、Y、Z 轴分别沿着水平最小主应力、水平最大主应力和垂向主应力的方向，正方体原煤试样的边长均为 300mm，声发射传感器的三维坐标如表 4-3 所示。

表 4-3   **声发射传感器的三维坐标**

传感器编号	X/mm	Y/mm	Z/mm
1	0	110	90
2	0	190	210

续表

传感器编号	X/mm	Y/mm	Z/mm
3	300	190	90
4	300	110	210
5	110	0	210
6	190	0	90
7	190	300	210
8	110	300	90

图 4-17 为大型水力压裂试验结束后试样内检测到的声发射事件定位三维分布图，虽然声发射检测到的事件数量相对有限，但声发射信号的空间分布特征仍能在一定程度上反映水力压裂裂缝在射孔起裂后的延伸规律。

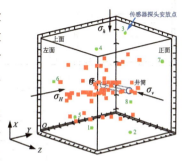

图 4-17　声发射事件定位三维分布图

为了更直观地反映水力压裂过程中水力压裂裂缝的延伸规律，分别从沿着井眼轴线的垂直层理方向和沿着水平最大主应力的平行层理方向来分析水力压裂裂缝的延伸过程。图 4-18 为水力压裂过程中泵压时间分别为 120s、180s、240s、300s 和压裂结束时（360s）的声发射事件定位累计分布和水力压裂裂缝扩展演化的正视图。

由图 4-18 中声发射事件定位信息，可得水力压裂裂缝在垂直层理方向上的扩展规律为：

（1）由图 4-18(a)可知，第一条水力压裂裂缝出现在井壁附近，大致沿水平最大主应力方向起裂，在裂缝延伸过程中，始终保持沿着水平最大主应力方向扩展。

（2）对比图 4-18(a)和图 4-18(b)内的声发射事件定位信息可知，在裂缝 1 扩展过程中，在裂缝 1 的下面又起裂了一条新裂缝 2，该裂缝仍近似沿水平最大主应力方向起裂，且扩展方向与裂缝 1 一致。

（3）由图 4-18(b)和图 4-18(c)可知，在裂缝 1 的上部出现第三条裂缝，该裂缝沿着水平最大主应力方向扩展，裂缝 2 和裂缝 3 大致以裂缝 1 为对称轴对称分布。

（4）对比图 4-18(c)和图 4-18(d)可得，裂缝 3 在沿水平最大主应力方向扩展的过程中发生转向，产生次生裂缝 4，裂缝 4 向水平最小主应力方向发生偏转，产生该现象的原因极有可能是裂缝 3 在扩展过程中沟通了天然裂缝，引起裂缝转向。

（5）由图 4-18(d)和图 4-18(e)可知，在裂缝 3 和裂缝 4 的交叉点产生第 5 条裂缝，该裂缝大致沿水平最大主应力方向扩展，即裂缝 3 在扩展过程中发生转向、分叉现象，产生两条次生裂缝。

综上所述，垂直层理方向上的煤岩储层水力压裂裂缝在井壁附近近似沿最大水平主应力方向起裂后，仍有可能继续沿着最大水平主应力方向扩展，同时裂缝在延伸过程中在天然裂缝、裂隙处会发生转向、分叉现象。

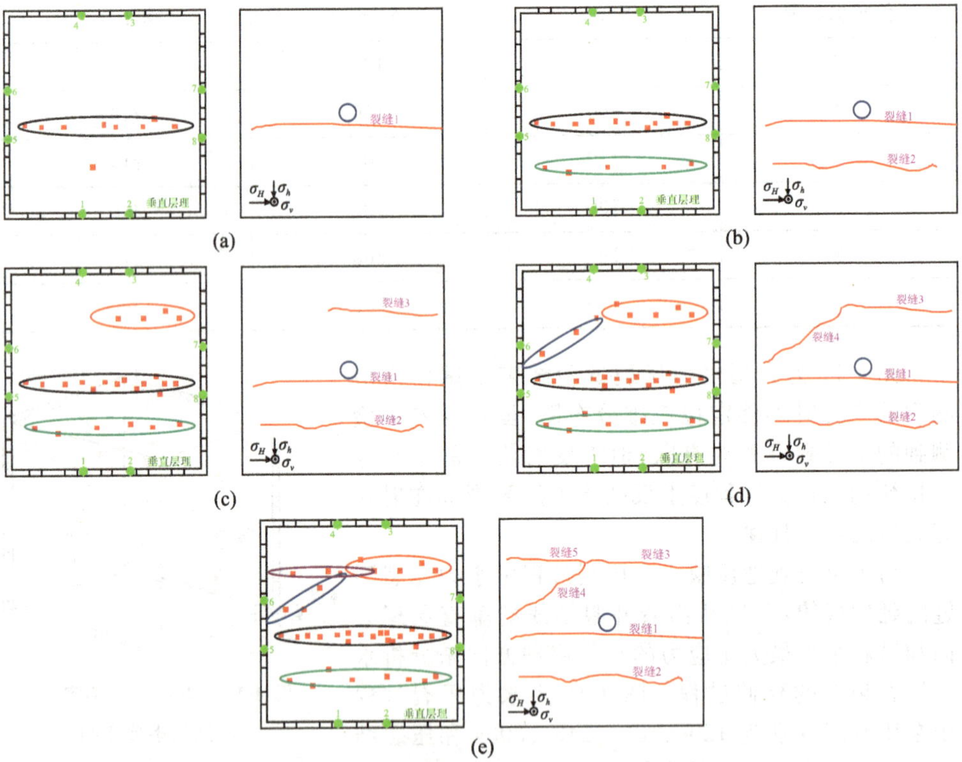

图 4-18　垂直层理方向上的声发射事件定位与水力压裂裂缝扩展

(a)120s；(b)180s；(c)240s；(d)300s；(e)360s

图 4-19 为水力压裂过程中泵压时间分别为 120s、180s、240s、300s 和 360s(压裂结束时刻)平行层理方向上的声发射事件定位累计分布和水力压裂裂缝扩展演化图。

由图 4-19 中声发射事件定位信息，可得平行层理方向上水力压裂裂缝的扩展规律如下：

(1)由图 4-19(a)可知，第一条水力压裂裂缝出现在井壁附近，起裂方向垂直于层理，在裂缝延伸过程中，始终保持垂直层理方向扩展。

(2)对比图 4-19(a)和图 4-19(b)内的声发射事件定位信息可知，在裂缝 1 扩展的过程中，在裂缝 1 的下面又起裂了一条新裂缝 2，该裂缝仍近似沿垂直层理方向起裂，且扩展方向与裂缝 1 大体一致。

(3)由图 4-19(b)和图 4-19(c)可知，由于弱层理的存在，裂缝 1 在转向形成沿层理的裂缝 6 的过程中发生了分叉，同时形成了沿层理扩展的次生裂缝 7。由于煤岩层理胶结力较小，裂缝在沿层理扩展时接收到的声发射事件数极少，进一步说明层理阻止裂缝扩展的能力较弱，裂缝沿层理扩展时需要的能量较低。

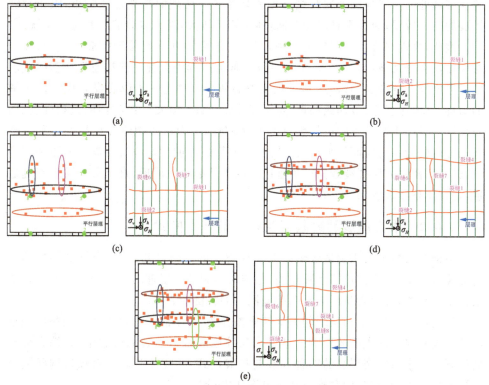

图 4-19 平行层理方向上的声发射事件与水力压裂裂缝扩展

(a)120s；(b)180s；(c)240s；(d)300s；(e)360s

（4）对比图 4-19(c)和图 4-19(d)可得，在裂缝 1 的上部出现裂缝 4，该裂缝沿垂直层理方向扩展，裂缝 2 和裂缝 4 大致以裂缝 1 为对称轴对称分布。

（5）由图 4-19(e)可知，裂缝 2 和裂缝 1 之间形成了新的沿层理扩展的次生裂缝 8，裂缝 8 延伸至裂缝 2 停止扩展，此时在试样表面形成复杂的裂缝网络。

综上所述，平行层理方向的煤岩储层裂缝仍在井壁附近起裂，多条裂缝扩展方向垂直层理。同时受层理影响，裂缝在扩展过程中不断发生断裂路径偏移，裂缝在弱层理处会发生转向、分叉现象，转向后的裂缝沿层理继续扩展，最终形成纵横交错的裂缝网络。

4.6 煤岩网状裂缝的形成机理

4.6.1 层理对水力压裂裂缝的影响

水力压裂裂缝沟通层理时主要形成 T 字形和十字形的复杂裂缝形态，即水力压裂裂缝在煤岩储层中延伸时，主要是垂直层理和沿层理方向扩展，但水力压裂裂缝在层理处的扩展与层理的胶结强度密切相关。层理的断裂韧性较小,阻止裂缝扩展的能力较弱;而在垂直层理方向,断裂韧性较大,阻止裂缝扩展的能力较强。[①]

因此,煤岩储层水力压裂过程中,当水力压裂裂缝垂直层理扩展时,容易在弱层理处发生分叉、转向等现象,且在继续延伸的过程中会进一步沟通天然裂缝或层理而形成复杂的裂缝网络,达到体积压裂的效果。这进一步说明煤岩储层内足够的结构面(天然裂缝、节理或层理)是实现体积压裂的前提。结构面的抗拉强度、断裂韧性都远小于基质体的抗拉强度与断裂韧性,水力压裂裂缝在扩展的过程中会优先开启弱的结构面而发生分叉、转向,引起压裂液的大量滤失并需泵入更多压裂液,进而促使水力压裂裂缝沟通更远区域的天然裂缝或层理,直至形成网状裂缝通道,达到体积压裂效果。

4.6.2　水力压裂裂缝起裂及扩展的基本模式

根据对煤岩水力压裂裂缝形态及扩展规律的分析可知,网状裂缝的形成不仅与地应力大小、泵注排量等参数相关,还与天然裂缝和层理的发育程度等基本地层条件密切相关,且后者是形成复杂裂缝网络的关键因素。

然而,在实际中不同层理的力学性质差异较大,不同层理对水力压裂裂缝的形成及扩展有着不同程度的影响。结合大尺寸原煤水力压裂的试验结果,综合分析后得到煤岩水力压裂裂缝的四种起裂与扩展模式,并在此基础上对煤岩网状裂缝的形成机理进行研究,四种模式详情见图4-20(b)~(e)。

图4-20(a)给出了煤岩试样加载三向地应力的示意图,图4-20(b)~(e)分别为煤岩储层水力压裂裂缝起裂与扩展的四种基本模式:

模式1:如图4-20(b)所示,水力压裂裂缝沿水平最大主应力方向起裂,并沿该方向继续延伸,直接穿过层理,形成单一裂缝。试样JZ-HF-4为该种破坏形式,此破裂模式发生在层理胶结性较强,且微裂缝不发育时。

模式2:如图4-20(c)所示,水力压裂裂缝沿层理起裂并延伸,形成沿层理的简单裂缝。试样JZ-HF-2为该种破坏形式,此破裂模式发生在射孔处层理胶结强度较低或微裂缝发育较好时。

模式3:如图4-20(d)所示,水力压裂裂缝沿水平最大地应力方向起裂并扩展,在延伸过程中,遇到层理后发生转向,变为沿层理扩展,最终形成交叉裂缝。试样JZ-HF-3为该种破坏形式,此裂缝模式多发生在层理黏结强度较低或微裂缝较发育时。

模式4:如图4-20(e)所示,水力压裂裂缝沿水平最大地应力方向起裂并扩展,在延伸过程中,遇到层理后发生转向,沿层理继续扩展;在沿层理延伸的过程中,受地应力作用,局部裂缝再次转向,重新沿水平最大地应力方向扩展,直至形成复杂

---

① 衡帅,杨春和,张保平,等.页岩各向异性特征的试验研究[J].岩土力学,2015,36(3):609-616.

的裂缝网络。此破裂模式多发生在层理强度适中且缝内压力相对较高时。

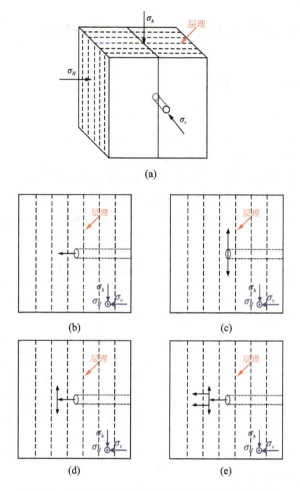

图 4-20 煤岩水力压裂裂缝起裂与扩展的四种模式

(a)煤岩三向加载示意图;(b)模式 1;(c)模式 2;(d)模式 3;(e)模式 4

综上所述,煤岩储层内网状裂缝的形成与层理和天然裂缝的发育程度密切相关。若层理的黏结强度适中,地应力的相对大小和方向对网状裂缝的形成有一定的控制作用。煤岩水力压裂裂缝的延伸多为上述四种基本模式的复合,裂缝扩展至强度较低层理或微裂缝发育处时易发生分叉和转向,形成与主裂缝相交的次生裂缝,最终形成了相互交叉连通的裂缝网络。

在实际工程中,影响煤岩储层水力压裂裂缝形态的因素很多,例如地应力差异系数、基质与层理的力学性质、天然裂缝系统的分布与微裂缝发育程度等储层地质参数,以及压裂液黏度、泵注排量与施工时间等施工参数。其中,煤岩储层的地质条件是压裂改造的关键,河南省焦作矿区的山西组二₁煤层的天然裂缝较发育,有利于裂缝网络的形成。本书分析地应力差异系数和压裂液排量对裂缝形态的影响,为进一步深入认识网状裂缝的形成机理具有重要作用。

4.7 多参数对水力压裂裂缝形态的影响

4.7.1 地应力差异系数

在相同压裂液排量下,保持垂向主应力与水平最小主应力不变,单独改变水平最大主应力的大小,当地应力差异系数分别为 0.4、0.54 和 0.7 时煤岩水力压裂裂缝形态、泵压曲线特征如表 4-4 所示。

由表 4-4 可知,当地应力差异系数较小时,裂缝在弱层理或天然裂缝处发生了转向和分叉现象,形成了复杂的裂缝形态。而当地应力差异系数 0.7 时,JZ-HF-4 试样产生沿水平最大主应力的单一裂缝,这表明在较低压裂液排量下,较大的地应力差异系数仍有可能在煤层内产生形态单一的水力压裂裂缝。

表 4-4   **不同地应力差异系数下煤岩裂缝形态描述**

试样编号	压裂液排量/ (mL/min)	地应力差异 系数	裂缝形态描述
JZ-HF-10	30	0.4	沿水平最大主应力方向起裂及扩展,并沟通层理形成复杂裂缝网络
JZ-HF-1	30	0.54	沿水平最大主应力方向起裂及扩展,并沟通多层层理和天然裂缝,形成复杂裂缝网络
JZ-HF-4	30	0.7	裂缝形态较为单一,裂缝方向主要沿水平最大主应力方向

4.7.2 压裂液排量

在相同地应力条件下,压裂液排量分别为 30mL/min、60mL/min 和 90mL/min 时煤岩水力压裂裂缝形态、泵注曲线特征等,如表 4-5 所示。

表 4-5   **不同压裂液排量下煤岩裂缝形态特征**

试样编号	地应力差异 系数	压裂液排量/ (mL/min)	裂缝形态描述
JZ-HF-1	0.54	30	沿水平最大主应力方向起裂及扩展,并沟通多层层理和天然裂缝,形成复杂裂缝网络
JZ-HF-3	0.54	60	沿水平最大主应力方向起裂及扩展,并沟通层理,形成交叉裂缝
JZ-HF-2	0.54	90	沿层理起裂并扩展,形成简单裂缝

　　由表 4-5 可知,相同地应力条件下,压裂液排量较低时,裂缝在扩展过程中在弱层理面均发生转向和分叉现象,形成裂缝网络。而当压裂液排量较高时,试样 JZ-HF-2 产生沿层理开裂、延伸的简单裂缝,这表明在较高压裂液排量下,压裂改造效果较差,易形成相对简单的裂缝形态。

4.8　本章小结

　　针对煤岩储层天然裂缝和层理较发育的特点,本章在考虑各向异性材料裂纹尖端应力场分布特征的基础上,分析了煤岩 I 型断裂韧性的各向异性,揭示了其形成机制。基于大尺寸原煤水力压裂物理模拟试验系统,通过声发射监测、压裂液示踪剂追踪和压裂后试样剖切等方法对煤岩水力压裂裂缝的空间展布形态和扩展规律进行了研究,分析了水力压裂裂缝的复杂延伸规律。本章得到的主要结论有:

　　(1)煤岩的断裂韧性和三点弯曲破裂面形态受层理影响较大,表现出明显的层理方向效应。层理开裂和断裂路径偏移是引起煤岩断裂韧性各向异性的主要原因。垂直层理断裂时出现层理开裂和断裂路径偏移,断裂韧性较大;沿层理开裂时,断裂韧性较小。

　　(2)发育的层理和裂缝系统等结构面不仅为煤层气的储集和运移提供了必要条件,还为压裂形成裂缝网络提供了前提条件。

　　(3)煤岩储层水力压裂裂缝的起裂与延伸主要有四种基本模式,而实际水力压裂裂缝网络的形成多为四种基本模式的组合。裂缝网络的形成与天然裂缝或层理的发育程度密切相关,水力压裂裂缝在层理处的分叉、转向和与天然裂缝的沟通均是网状裂缝形成的关键。

　　(4)煤岩裂缝网络的形成与地应力条件和泵注排量密切相关:地应力差异系数较大时易形成单一的水力压裂裂缝;压裂液排量较低时,水力压裂裂缝易于转向,更易形成裂缝网络,达到体积压裂效果。

5 煤层水力压裂微裂缝扩展因素分析

5.1 引言

本章在考虑含节理煤岩非均质特性基础之上,利用 RFPA^{2D} 软件建立了地层各向异性的二维水力压裂模型,分析了煤岩储层水力压裂微裂缝的扩展过程,讨论了不同因素对微裂缝扩展的影响规律,进一步揭示了水力压裂网状裂缝的形成机理,并明确了影响形成网状裂缝的控制因素,研究结果可为现场水力压裂参数设计和优化提供参考和依据。

5.2 RFPA^{2D}数值计算原理与方法

目前有很多分析岩石破裂过程的数值计算方法,其中使用较多的方法为有限单元法、边界元法、半解析元法和离散元法,且都有相应运用广泛的商用软件,然而它们均不能模拟岩石在受力状态下的微破裂进程,不适用于煤层水力压裂过程中微裂缝扩展模拟。

本书所用的数值计算软件为 RFPA^{2D}(Realistic Failure Process Analysis),全称为岩石真实破裂过程分析软件。该软件是基于 RFPA 方法研发的能够模拟材料渐近破坏的数值试验工具。它的基本原理为弹性力学、损伤力学及 Biot 渗流理论,并考虑了细观结构非均匀性和流固耦合作用。[1] 其理论基础主要为基于微元强度统计分布建立的反映岩石材料微观(细观)非均匀性与变形非线性相联系的弹性损伤模型,并将材料的非均质性及缺陷分布的随机性通过统计分布与有限元法相结合,用有限元作为应力求解器,以弹性损伤理论及修正后的莫尔-库仑(Mohr-Coulomb)准则对单元进行变形及破裂处理,实现对非均匀材料破裂过程的模拟。[2] 其基本思路与假设条件如下:

(1)将岩石介质模型离散化为由大量细观基元组成的数值模型,且细观基元为各向同性并带有残余强度的弹脆性介质;

---

① 唐春安.岩石破裂过程中的灾变[M].北京:煤炭工业出版社,1993.

② 唐春安,王述红,傅宇方.岩石破裂过程数值试验[M].长春:吉林大学出版社,2002.

（2）离散化的细观基元力学性质服从 Weibull 分布,以建立细观与宏观介质力学性能的联系;

（3）根据弹性力学中应力、应变的求解方法,分析基元的应力、应变状态;

（4）以最大拉伸强度准则和莫尔-库仑准则为损伤阈值对单元进行损伤判断;

（5）基元相变前后均为线弹性体,且其力学性质随演化的发展不可逆;

（6）岩石中的裂纹扩展是一个准静态过程,忽略因快速扩展引起的惯性力影响。

RFPA^{2D}系统中,需充分保证渗流计算与应力计算的独立性,分别建立渗流计算和应力计算的代数方程组,对渗流场和应力场进行计算,再根据相互存在的耦合项进行迭代,直至满足一定的迭代误差为止。

5.3 水力压裂微裂缝扩展的数值模拟

受限于储层力学参数分布规律的复杂性,国内外学者对水力压裂裂缝扩展过程的大量数值模拟研究都是基于储层均质各向同性得到的。然而,煤岩在成岩过程中形成的沉积层理,对岩体的强度、破裂过程及稳定性均起控制作用,因此在分析煤岩储层水力压裂裂缝扩展过程时必须考虑层理的作用。

5.3.1 水力压裂计算参数

RFPA^{2D}数值模型计算中用到的计算参数以第 2 章、第 3 章室内试验获得的焦作矿区山西组煤岩的力学参数为依据,具体见表 5-1 和表 5-2。

表 5-1 基质基本力学参数

参数	数值	参数	数值
抗压强度/MPa	11.88	弹性模量/GPa	1.93
泊松比	0.31	抗拉强度/MPa	1.17
内摩擦角/(°)	18.8	黏聚力/MPa	0.82
孔隙度/%	4.8	渗透率/mD	0.154
断裂韧性/(MPa·m$^{0.5}$)	0.364	均质度	3
残余强度系数	0.1	拉应变系数	1.5
压应变系数	200		

表 5-2 层理基本力学参数

参数	数值	参数	数值
抗压强度/MPa	3.06	弹性模量/GPa	0.65
泊松比	0.34	抗拉强度/MPa	0.27
内摩擦角/(°)	16.3	黏聚力/MPa	0.19
孔隙度/%	3.8	渗透率/mD	1.644
断裂韧性/MPa·m$^{0.5}$	0.12	均质度	3
残余强度系数	0.1	拉应变系数	1.5
压应变系数	200		

数值模型采用的地应力参数与实际地层相同,即垂向地应力为 23.4MPa,水平最大和水平最小地应力分别为 25.7MPa 和 16.7MPa。根据实际地质资料可知储层层理与水平面夹角为 18°～35°,为了简化计算,层理与水平面夹角取恒定值 30°。以单步增量 0.1MPa 的方式加载水压,直至地层完全破裂,形成一定的水力压裂裂缝通道,压裂液采用承压水,密度为 1000kg/m³,压裂液排量为 0.5mL/s。

为了简化计算,建立射孔完井的计算模型时,忽略套管及水泥环对压裂效果的影响,并以垂直井筒的横截面为研究对象,建立的二维平面应变模型如图 5-1 所示。由于本章主要研究井筒周围微裂缝的扩展规律且井筒直径为 0.2m 左右,因此计算模型尺寸为 10m×10m。该模型尺寸大于 10 倍井筒尺寸,可以有效降低边界效应对计算结果的影响。该模型单元划分规模为 300mm×300mm,射孔完井时的射孔直径为 20mm,射孔方向垂直于层理,水平地应力以位移边界条件的方式施

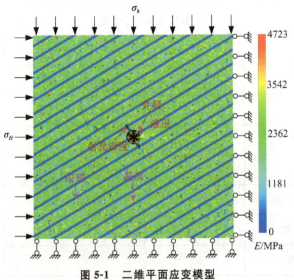

图 5-1 二维平面应变模型

加在应变模型的两侧；模型内煤岩基质与层理交叉平行分布，颜色较浅、范围较宽的是煤岩基质，颜色较深、范围较窄的为层理。

5.3.2 数值模拟结果分析

基于以上模型参数，数值模拟得到的射孔完井条件下煤层水力压裂微裂缝的演化形态如图 5-2 所示。由图可知：随着压裂液不断地注入地层内，水力压裂裂缝在射孔的两端起裂，且微裂缝沿射孔方向继续延伸。当水力压裂裂缝扩展至层理时，由于层理断裂韧性、强度较低，渗透性较强，压裂液更易沿层理渗透，因此水力压裂裂缝在层理处发生了垂直分叉、转向，产生了沿层理扩展的次生裂缝；而主裂缝仍沿垂直层理方向延伸，但其扩展速度明显较次生裂缝慢。

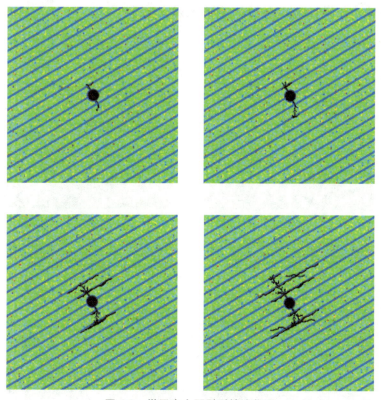

图 5-2 煤层水力压裂裂缝演化图

当沿层理扩展的次生裂缝延伸一定距离后，由于压裂液在水力通道内流动时沿程摩擦及滤失增大，压裂液已不足以使沿层理扩展的次生裂缝继续快速延伸，故在井眼层理处又起裂了沿层理扩展的次生裂缝，但该次生裂缝并没有完全阻止主裂缝和原有次生裂缝的继续延伸，只是进一步降低了其扩展速度，与此同时，主裂缝在继续延伸的过程中，在层理处又垂直分叉、转向，形成了新的次生裂缝。此时，复杂水力压裂通道的形成阻止了微裂缝的快速扩展,只有加大排量才能保证水力压裂主裂缝和次生裂缝的继续快速延伸,从而沟通更多的层理或天然裂缝,形成更复杂的裂缝网络。

岩体水力压裂过程中,水力压裂裂缝的起裂和扩展等都会产生声发射现象。RFPA^{2D}软件中,岩石破裂过程中的声发射能量决定了声发射圆的大小,破裂发生的位置即为声发射圆圆心,直径的大小代表能量的强弱,红色声发射圆代表拉伸破坏产生的声发射,蓝色声发射圆代表剪切破坏产生的声发射,黑色声发射圆代表积累声发射,因此可通过水力压裂过程中的声发射圆颜色判断水力压裂裂缝破裂延伸的力学机制。为了揭示煤岩储层水力压裂裂缝的形成机理,对微裂缝扩展过程中的声发射信息进行了研究,图 5-3 为射孔完井条件下,层理与水平面夹角为 30°时煤层内水力压裂裂缝扩展过程中的声发射演化图。

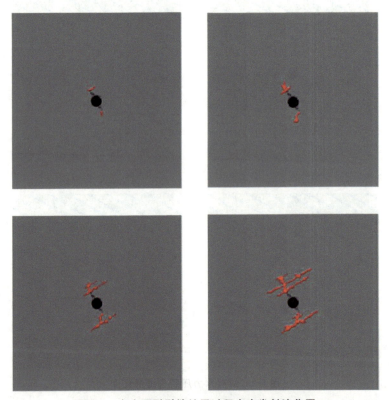

图 5-3　水力压裂裂缝扩展过程中声发射演化图

由图 5-3 可知,水力压裂裂缝优先出现在射孔端部,是由张拉破裂引起的,但起裂时声发射能量并不高,这可能与孔眼端部的应力集中较大有关。在水力压裂裂缝沿射孔方向扩展的过程中,仅观察到沿裂缝分布的红色声发射圆,这表明水力压裂裂缝垂直层理扩展主要是张拉裂缝的失稳扩展;当水力压裂裂缝在层理处发生垂直分叉、转向后,沿层理和垂直层理延伸的水力压裂裂缝仍为张拉裂缝,且沿层理扩展的水力压裂裂缝延伸速度明显比垂直层理扩展得快,这是由于煤岩基质的断裂韧性显著大于层理的断裂韧性,进一步表明了水力压裂裂缝的延伸主要为张拉裂缝的失稳扩展。当压裂液不足以使沿层理和垂直层理的裂缝继续快速延伸时,在井眼层理处又起裂了沿层理扩展的张拉裂缝,但该裂缝的声发射能量较低。在次生裂缝的延伸过程中,能观察到局部较大的红色声发射圆,且与局部分叉裂缝相对应,这表明裂缝扩展中的分叉会释放较强的能量,声发射活动较剧烈。综上所述,在射孔完井条件下,水力压裂裂缝主要为沿射孔端部和井眼层理起裂的张拉裂缝,且垂直层理和沿层理扩展的裂缝也主要为张拉裂缝,煤层水力压裂过程中形成的网状裂缝主要为张拉裂缝。

5.4 多因素对水力压裂微裂缝形态的影响

射孔完井条件下,水力压裂裂缝优先在射孔端部起裂,说明完井方式对微裂缝的延伸形态影响较大,同时微裂缝的形成不仅与完井方式有关,还与煤层地质条件和施工因素等有关,下面分别对具体参数进行详细研究。

5.4.1 完井方式

为了研究不同完井方式对煤层微裂缝扩展形态的影响,保持其余参数不变,层理角度仍为30°,分别对裸眼和射孔两种完井方式进行了数值模拟计算。射孔完井方式下的水力压裂裂缝扩展过程在5.3.2节已经详细描述,本节主要研究裸眼完井方式下水力压裂裂缝扩展的具体过程,并对比分析了两种完井方式下的微裂缝扩展形态。图5-4为建立的裸眼完井方式下的水力压裂数值计算模型。

裸眼完井条件下,数值模拟得到的微裂缝形态演化过程见图5-5。由图可知:尽管层理并不与水平最大主应力方向平行,但水力压裂裂缝却沿层理起裂,这说明在裸眼完井条件下

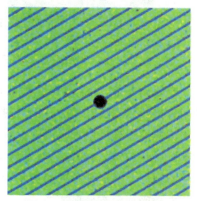

图 5-4 裸眼完井方式下的水力压裂数值计算模型

煤层水力压裂裂缝更易沿断裂韧性和强度较弱的层理起裂。随着注入煤层的压裂液越来越多,水力压裂裂缝不断沿层理扩展,且延伸路径较为平直,并没有因为地应力的作用而发生转向。由于层理的断裂韧性和强度较低、渗透性较强,像水这样黏度较低的压裂液更易沿层理渗透并驱动裂缝延伸。最终,水力压裂裂缝扩展路

径基本稳定,最终在煤层内形成了沿层理扩展的单一翼型裂缝。综上所述,在裸眼完井条件下,由于层理的弱胶结作用,水力压裂裂缝在井眼处更易沿层理起裂并扩展,最终形成的微裂缝形态较为简单,通常为单一翼型裂缝。

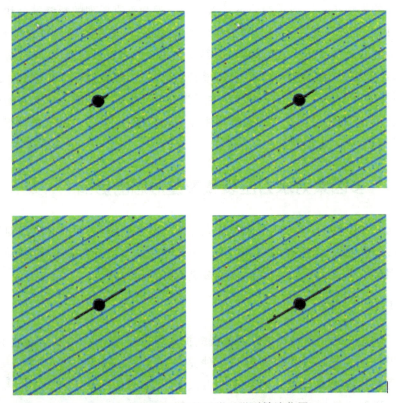

图 5-5　裸眼完井条件下煤层微裂缝演化图

　　裸眼完井条件下,微裂缝扩展过程中的声发射演化图见图 5-6。由图 5-6 可知,水力压裂裂缝在层理处由于张拉破裂而起裂,但起裂时的声发射能量并不高;在水力压裂裂缝沿层理扩展的过程中,仅观察到沿层理近似呈直线排列的红色声发射圆,而没有观察到蓝色声发射圆,且局部声发射圆的直径相对较大,这表明水力压裂裂缝在沿层理扩展的过程中主要为张拉裂缝的失稳扩展,且在扩展过程中局部有较剧烈的声发射活动。

　　通过对比裸眼完井(图 5-6)和射孔完井(图 5-3)条件下煤层内微裂缝的扩展过程可知,在射孔完井条件下煤层内更易形成复杂的裂缝网络。因此,在射孔完井条件下,进一步分析煤岩层理断裂韧性、地应力差异系数与压裂液排量对水力压裂裂缝形态的影响,可加深对水力压裂网状裂缝形成机理的认识。

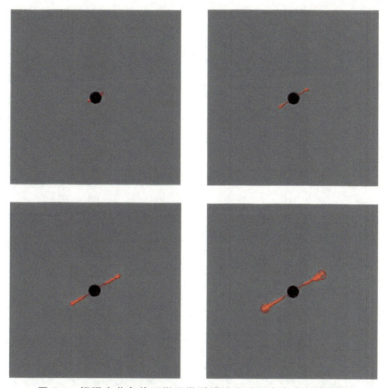

图 5-6　裸眼完井条件下煤层微裂缝扩展过程中声发射演化图

5.4.2　煤岩层理断裂韧性

为了研究层理断裂韧性对水力压裂微裂缝扩展形态的影响,保持其余参数不变,仅改变层理断裂韧性,当层理断裂韧性分别为 $0.05\text{MPa}\cdot\text{m}^{0.5}$、$0.1\text{MPa}\cdot\text{m}^{0.5}$、$0.15\text{MPa}\cdot\text{m}^{0.5}$ 和 $0.2\text{MPa}\cdot\text{m}^{0.5}$ 时的水力压裂裂缝扩展形态如图 5-7 所示。

相同压裂液压力时,不同层理断裂韧性的煤层水力压裂微裂缝形态如图 5-7 所示,由图可知:层理的断裂韧性对水力压裂裂缝在煤层内的形态影响较大。当层理断裂韧性较大时,水力压裂裂缝更易沿垂直层理方向延伸,且主裂缝会在层理处多次发生分叉和转向,形成多条沿层理扩展的次生裂缝。随着层理断裂韧性的降低,水力压裂裂缝在层理处发生分叉、转向的次数逐渐减少,形成次生裂缝的数量也逐渐降低,但沿层理的次生裂缝的延伸距离却不断增加。这说明层理断裂韧性较大条件下,水力压裂裂缝更易沿垂直层理方向扩展,且在层理处发生分叉和转向现象,形成的次生裂缝数量相对较多,裂缝形态较复杂;而层理断裂韧性较小时,次生裂缝更易沿层理扩展,裂缝形态相对较简单。因此,在层理断裂韧性较大的煤层内,水力压裂微裂缝在层理处较易发生分叉和转向现象,形成多条次生裂缝,有利于裂缝网络的形成。

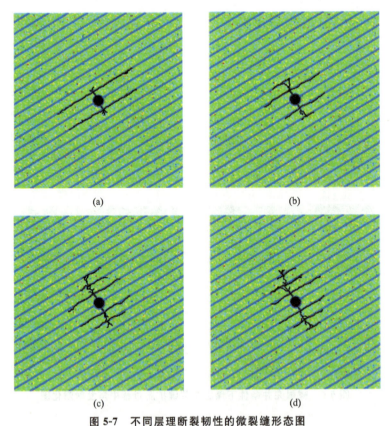

(a)   (b)

(c)   (d)

图 5-7 不同层理断裂韧性的微裂缝形态图

(a)0.05MPa・$m^{0.5}$;(b)0.1MPa・$m^{0.5}$;(c)0.15MPa・$m^{0.5}$;(d)0.2MPa・$m^{0.5}$

5.4.3 地应力差异系数

保持其他参数不变,仅改变水平最大主应力,分析不同地应力差异系数对煤层水力压裂微裂缝形态的影响规律。当地应力差异系数分别为 0.4、0.5、0.6 和 0.7 时的水力压裂裂缝扩展形态如图 5-8 所示。

由图 5-8 可知,地应力差异系数对煤层水力压裂微裂缝的形态有一定影响。水力压裂裂缝的延伸过程可描述为:水力压裂裂缝仍在射孔端部起裂并沿射孔方向扩展,延伸至层理时,在层理处发生分叉和转向,产生沿层理扩展的次生裂缝,此时主裂缝继续沿射孔方向延伸直至遇到新的层理,再次发生分叉、转向,形成新的次生裂缝,最终形成裂缝网络。

不同地应力差异系数条件下,水力压裂微裂缝形态的差异主要体现在沿射孔方向的主裂缝和沿层理的次生裂缝的扩展长度不同。当地应力差异系数较小时,水平最大与最小主应力差异较小,主裂缝较易沿射孔方向扩展,主裂缝延伸距离较远、次生裂缝延伸距离较短。当地应力差异系数较大时,水平最大与最小主应力差

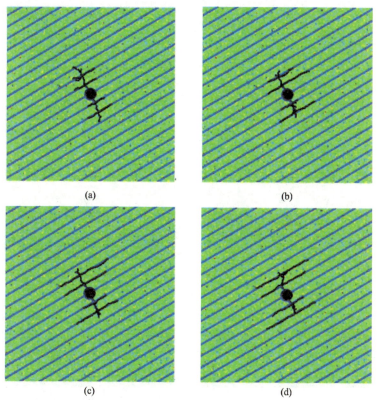

图 5-8　不同地应力差异系数的微裂缝形态图
(a)0.4;(b)0.5;(c)0.6;(d)0.7

异较大,主裂缝沿射孔方向扩展所需的能量较高,因此主裂缝延伸距离较短,次生裂缝更易沿层理扩展,延伸距离也更远。

5.4.4　压裂液排量

保持其他参数不变,仅改变压裂液排量,分析压裂液排量对煤层水力压裂微裂缝形态的影响规律。当压裂液排量分别为 $0.25m^3/s$、$0.3m^3/s$、$0.35m^3/s$ 和 $0.4m^3/s$时的水力压裂裂缝扩展形态如图 5-9 所示。

由图 5-9 可知,射孔完井条件下,压裂液排量对煤层水力压裂微裂缝的形态影响较大。当压裂液排量较低时[图 5-9(a)和图 5-9(b)],水力压裂裂缝更易沿垂直层理方向扩展,且主裂缝会在层理处多次发生分叉和转向,形成多条沿层理扩展的次生裂缝。随着压裂液排量的增加[图 5-9(c)和图 5-9(d)],水力压裂裂缝在层理处发生分叉、转向的次数逐渐减少,形成次生裂缝的数量也逐渐降低,而沿层理的次生裂缝的延伸距离却不断增加。这说明低压裂液排量下,水力压裂裂缝更易沿垂直层理方向扩展,且在层理处更易发生分叉和转向,形成的次生裂缝数量也相对较多,裂缝形态较复杂;而压裂液排量较高时,次生裂缝更易沿层理扩展,裂缝形态

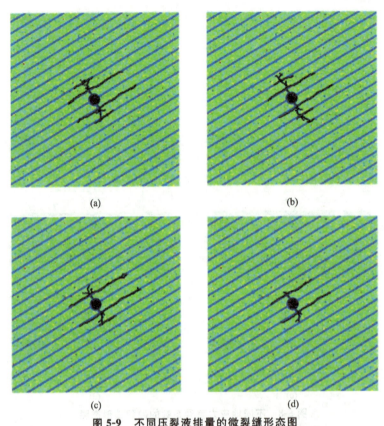

图 5-9   不同压裂液排量的微裂缝形态图

(a)0.25m³/s;(b)0.3m³/s;(c)0.35m³/s;(d)0.4m³/s

相对简单。同时,对比分析图 5-9(a)和图 5-9(b)可知,压裂液排量不宜过小,过小的排量不利于水力压裂裂缝的快速延伸。因此,煤层水力压裂时需要适时控制压裂液的排量,不仅能促使水力压裂裂缝在层理处分叉、转向,形成多条次生裂缝,还能控制次生裂缝的延伸速度,有利于裂缝网络的形成。

综上所述,通过对不同完井方式、煤岩层理断裂韧性、地应力条件和压裂液排量下煤层水力压裂微裂缝扩展形态的研究可知,完井方式、煤层地质条件和施工参数均为影响水力压裂裂缝扩展形态的重要因素。射孔完井条件下煤层内更易形成复杂的裂缝网络,而采用裸眼完井方式,煤层内通常形成单一翼型裂缝。层理的断裂韧性较小,次生裂缝更易沿层理扩展,裂缝形态相对简单;在层理断裂韧性适中的煤层内,水力压裂裂缝在层理处易发生分叉、转向,形成多条次生裂缝,有利于网状裂缝的形成。相对而言,地应力差异系数对煤层水力压裂裂缝的形态影响较小,水力压裂裂缝表现出较大的相似性,它主要影响主裂缝和次生裂缝的扩展距离。水力压裂时,适时控制压裂液排量,不仅能促使水力压裂裂缝在层理处的分叉、转向,形成多条次生裂缝,还能控制次生裂缝的延伸速度,有利于裂缝网络的形成。

5.5 本章小结

本章在考虑煤层非均质性和层理较发育的基础上,利用 RFPA^{2D} 软件建立了各向异性的煤层二维水力压裂数值计算模型,分析了不同完井方式对水力压裂微裂缝形态的影响,探讨了射孔完井时不同煤层地质条件和施工因素下微裂缝的延伸规律,得到的主要结论有:

(1)射孔完井条件下,煤层水力压裂裂缝在射孔端部由于张拉破裂起裂后,在垂直层理扩展的过程中,在层理处会发生分叉、转向,形成沿层理扩展的次生裂缝,且主裂缝和次生裂缝均为张拉裂缝;由于层理的断裂韧性明显小于基质,次生裂缝的扩展速度明显比主裂缝快,而主裂缝在继续延伸的过程中在层理处再次分叉、转向,形成新的次生裂缝,重复该过程,直至最后形成复杂的裂缝网络,达到煤层气藏的体积改造。

(2)完井方式对水力压裂微裂缝形态的影响较大。裸眼完井条件下,由于层理的弱胶结作用,水力压裂裂缝在井眼处更易沿层理起裂并扩展,最终形成的裂缝形态较为简单,通常为单一翼型裂缝。射孔完井条件下更容易形成相互连通的裂缝网络,提高水力压裂改造效果。

(3)层理断裂韧性为影响水力压裂微裂缝延伸形态的控制因素。层理的断裂韧性较小,次生裂缝更易沿层理扩展,裂缝形态相对简单;在层理断裂韧性适中的煤层内,水力压裂裂缝在层理处更易发生分叉、转向,形成多条次生裂缝,有利于网状裂缝的形成。

(4)地应力差异系数对煤层水力压裂微裂缝的形态影响较小,不同的地应力差异系数条件下水力压裂裂缝表现出较大的相似性;主裂缝和次生裂缝的扩展距离受到地应力差异系数的影响较大。当地应力差异系数较小时,主裂缝易沿射孔方向扩展,延伸距离较远,而次生裂缝延伸距离较短。

(5)适时控制压裂液排量,不仅能促使水力压裂微裂缝在层理处分叉、转向,形成多条次生裂缝,还能控制次生裂缝的延伸速度,有利于煤层复杂网状裂缝的形成。

6 层理对水力压裂裂缝扩展形态的影响

6.1 引言

煤岩作为一种沉积岩,具有典型的层理结构特点,各向异性特征显著,是影响水力压裂裂缝形成的主控因素之一。由于层理的存在使煤层内水力压裂裂缝的起裂和扩展非常复杂,因此全面地了解层理在煤层中的扩展过程具有重要的意义。

本章在考虑煤岩非均质特性基础之上,利用 RFPA[3D] 软件建立了地层各向异性的三维水力压裂模型,分析了煤岩储层水力压裂裂缝的扩展过程,研究了层理对水力压裂裂缝起裂和扩展的影响,讨论了不同因素对水力压裂裂缝扩展的影响规律,研究结果可为煤层水力压裂参数设计和优化提供参考和依据。

6.2 水力压裂裂缝扩展的数值模拟

受限于储层力学参数分布规律的复杂性,国内外学者对水力压裂裂缝扩展过程的大量数值模拟研究都是在储层均质各向同性的基础上得到的。然而,煤岩在成岩过程中形成的沉积层理,对岩体的强度、破裂过程及稳定性均起控制作用,因此在分析煤岩储层水力压裂裂缝扩展过程时必须考虑层理的作用。[①]

6.2.1 水力压裂计算参数

数值模型计算中用到的计算参数以现场的煤岩物理力学参数资料为依据,具体见表 6-1。

表 6-1 计算参数

参数	单位	煤岩	层理	上/下盖层
泊松比	—	0.25	0.27	0.24
断裂韧性	$MPa \cdot m^{0.5}$	0.28	0.09	2.6
弹性模量	GPa	3.70	0.52	11.8

---

① Jiang T T, Zhang J H, Wu H. Experimental and numerical on hydraulic fracture propagation in coalbed methane reservoir[J]. Journal of Natural Gas Science and Engineering, 2016(35):455-467.

续表

参数	单位	煤岩	层理	上/下盖层
抗拉强度	MPa	1.4	0.17	4.6
黏聚力	MPa	0.93	0.14	4.2
渗透率	mD	0.27	0.89	
孔隙度	%	5.3	4.2	
抗压强度	MPa	12.59	2.76	
垂向主应力	MPa	20.69		
最大水平主应力	MPa	17.65		
最小水平主应力	MPa	12.41		
注入量	m³/min	4		
压裂液密度	kg/m³	1300		
压裂液黏度	mPa·s	3		

数值模型采用的地应力参数与实际地层相同，即垂向主应力为 20.69MPa，水平最大和水平最小地应力分别为 17.65MPa 和 12.41MPa，建立的三维计算模型如图 6-1 所示。模型为长宽均为 200m、高度为 68m 的立方体，X、Y、Z 方向分别代表最大水平主应力、最小水平主应力和垂向主应力方向。煤层顶板的垂直深度为 −780m，煤层厚度为 8m。上覆岩层与下卧层的埋深分别为 −600m、−788m，在模型内均截取它们的厚度为 30m。水力压裂井筒位于模型的中心，射孔段范围为 −788m～−780m。射孔密度与射孔孔径分别为 11 孔/m、10.25m。

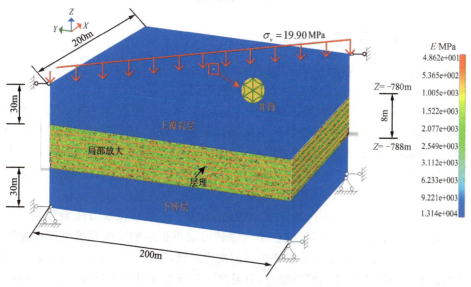

图 6-1　三维计算模型示意图

模型底部采用全位移约束的边界条件,即水平和垂向的位移均为零。施加在模型上的等效覆岩压力为 19.90MPa,该值由实际埋深、地层平均密度等计算而来。四个垂直面均施加了水平位移限制来限定它们的水平变形。本章重点研究煤层气藏水力压裂裂缝的起裂与扩展过程,以垂直地层表面且沿着压裂井筒的横截面为研究对象(Y-Z 平面)。为了简化计算,忽略了套管和水泥环对压裂效果的影响。如图 6-2 所示,建立的数值计算模型中的煤岩基质体和层理平行交互分布,按弹性模量的不同呈现出不同的颜色。其中颜色较浅、厚度较大的为基质体,而颜色较深、厚度较小的为层理。为了更清晰地显示计算模型图,Z 轴方向上的煤层进行了局部放大。

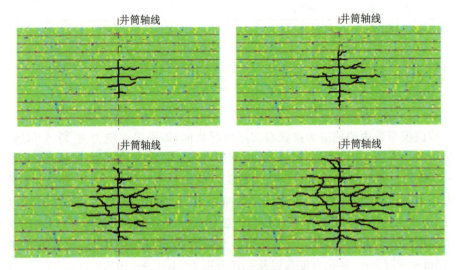

图 6-2　Y-Z 平面的裂缝扩展图

6.2.2　数值模拟结果分析

基于以上模型参数,数值模拟得到的煤层水力压裂微裂缝的演化形态如图 6-2 所示。为了更清楚地显示裂缝的几何形态,沿煤层厚度方向上的尺寸均被放大 10 倍。由图 6-2 可知,随着压裂液不断地注入地层内,水力压裂裂缝在 X-Z 平面上沿着射孔的两端起裂,且微裂缝沿射孔方向继续延伸。当水力压裂裂缝扩展至层理时,由于层理断裂韧性、强度较低,渗透性较强,压裂液更易沿层理渗透,因此水力压裂裂缝在层理处发生了垂直分叉、转向,产生了沿层理扩展的次生裂缝;而主裂缝仍沿垂直层理方向延伸,但其扩展速度明显较次生裂缝慢。

当沿层理扩展的次生裂缝延伸一定距离后,由于压裂液在水力压裂通道内流动时沿程摩擦及滤失增大,压裂液已不足以使沿层理扩展的次生裂缝继续快速延伸,故在井眼层理处又起裂了沿层理扩展的次生裂缝,但该次生裂缝并没有完全阻止主裂缝和原有次生裂缝的继续延伸,只是进一步降低了其扩展速度。与此同时,主裂缝在继续延伸的过程中,在层理处又垂直分叉、转向,形成了新的次生裂缝。此时,复杂水力压裂通道的形成阻止了微裂缝的快速扩展,只有加大排量才能保证水力压裂主裂缝和次生裂缝的继续快速延伸,从而沟通更多的层理或天然裂缝,形成更复杂的裂缝网络。最终形成的水力压裂裂缝在 Y-Z 平面上并不以井眼为轴线对称分布。注入压力在水力压裂的初期迅速增加,当煤层开裂后注入压力逐渐降低,最终压力值可维持水力压裂裂缝的扩展。

6.3　多因素对水力压裂裂缝形态的影响

6.2.1 节建立了数值模拟模型,下面具体分析地应力差、弹性模量、断裂韧性和注入排量对水力压裂裂缝扩展形态的影响。

6.3.1　地应力差

保持其他参数不变,仅改变水平最大主应力,分析不同地应力差对煤层水力压裂裂缝形态的影响规律。当最大、最小水平主应力差分别为 2MPa、5MPa 和 8MPa 时的水力压裂裂缝扩展的数值模拟结果见表 6-2。

表 6-2　　　　　　　　不同水平主应力差条件下的数值模拟结果

应力差/ MPa	主裂缝缝长/ m	主裂缝缝宽/ mm	主裂缝缝高/ m	缝网体积/ m³	破裂压力/ MPa
2	42.9	5.2	5.35	8.2	22.7
5	61.4	5.9	6.46	7.8	21.4
8	79.8	6.7	7.01	7.2	20.5

随着水平主应力差的增加,主裂缝的缝长、缝宽和缝高也随之增大,而破裂压力和缝网体积却逐渐降低。相比而言,主裂缝缝长受地应力差的影响最大。当应力差从 2MPa 增加到 8MPa,主裂缝缝长、缝宽和缝高分别增加了 86.0%、28.8% 和 31.0%,缝网体积和破裂压力分别下降了 12.2% 和 9.7%。研究表明:较小的水平主应力差抑制了主裂缝几何尺寸的增长,而裂缝网络的复杂程度却有较大的提高。这是因为较小的水平主应力差提高了煤层内尤其是天然裂缝附近的初始剪切应力,使得压裂液更容易进入水力压裂裂缝内。

6.3.2　弹性模量

为了研究煤岩弹性模量对煤层气藏水力压裂复杂裂缝网络形态的影响,保持其他参数不变,仅改变煤岩的弹性模量,当煤岩弹性模量分别为 3.0GPa、3.7GPa 和 4.4GPa 时的水力压裂裂缝扩展的数值模拟结果见表 6-3。

表 6-3   不同煤岩弹性模量时的数值模拟结果

弹性模量差/GPa	主裂缝缝长/m	主裂缝缝宽/mm	主裂缝缝高/m	缝网体积/m³	破裂压力/MPa
2.48	71.4	6.4	6.85	7.2	20.9
3.18	62.1	6.0	6.50	7.9	21.5
3.88	48.8	5.3	6.06	9.1	22.4

由表 6-3 可知，主裂缝缝长、缝宽和缝高随着煤岩弹性模量的增加而减小，而裂缝网络体积和破裂压力却随着弹性模量的增加而提高。其中，主裂缝缝长所受的影响最大，当煤岩弹性模量由 2.48GPa 增加到 3.88GPa 时，主裂缝缝长、缝宽和缝高分别降低了 31.6%、17.2% 和 11.5%。由于煤岩弹性模量的增加使得煤岩开裂需要更多的能量，因此压裂液更易沿层理流动，产生更多的诱导裂缝，导致主裂缝的几何尺寸大幅降低。结果表明，较大的弹性模量差更易于形成复杂的裂缝网络。

6.3.3　断裂韧性

为了研究层理断裂韧性对水力压裂微裂缝扩展形态的影响，保持其余参数不变，仅改变层理断裂韧性，当层理断裂韧性分别为 $0.06\mathrm{MPa} \cdot \mathrm{m}^{0.5}$、$0.10\mathrm{MPa} \cdot \mathrm{m}^{0.5}$、$0.14\mathrm{MPa} \cdot \mathrm{m}^{0.5}$ 和 $0.18\mathrm{MPa} \cdot \mathrm{m}^{0.5}$ 时的水力压裂裂缝扩展形态如图 6-3 所示。

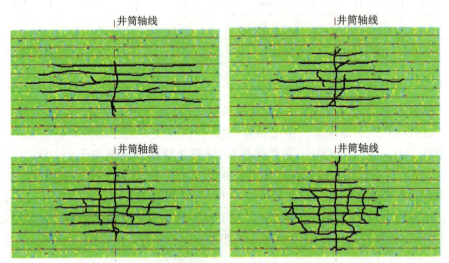

图 6-3　不同层理断裂韧性的裂缝扩展图

(a)$0.02\mathrm{MPa} \cdot \mathrm{m}^{0.5}$；(b)$0.06\mathrm{MPa} \cdot \mathrm{m}^{0.5}$；(c)$0.10\mathrm{MPa} \cdot \mathrm{m}^{0.5}$；(d)$0.14\mathrm{MPa} \cdot \mathrm{m}^{0.5}$

相同压裂液压力时，不同层理断裂韧性的煤层水力压裂微裂缝形态如图 6-3 所示，由图 6-3 可知，层理的断裂韧性对水力压裂裂缝在煤层内的形态影响较大。

当层理断裂韧性较大时,水力压裂裂缝更易沿垂直层理方向延伸,且主裂缝会在层理处多次发生分叉和转向,形成多条沿层理扩展的次生裂缝。随着层理断裂韧性的降低,水力压裂裂缝在层理处发生分叉、转向的次数逐渐减少,形成次生裂缝的数量也逐渐降低,但沿层理的次生裂缝的延伸距离却不断增加。这说明在层理断裂韧性较大条件下,水力压裂裂缝更易沿垂直层理方向扩展,且在层理处发生分叉和转向现象,形成的次生裂缝数量相对较多,裂缝形态较复杂;而层理断裂韧性较小时,次生裂缝更易沿层理扩展,裂缝形态相对较简单。因此,在层理断裂韧性较大的煤层内,水力压裂微裂缝在层理处较易发生分叉和转向现象,形成多条次生裂缝,有利于裂缝网络的形成。

6.3.4　注入排量

保持其他参数不变,仅改变注入排量,分析注入排量对煤层水力压裂微裂缝形态的影响规律。当压裂液排量分别为 $3m^3/min$、$5m^3/min$ 和 $7m^3/min$ 时的水力压裂裂缝扩展形态如图 6-4 所示。

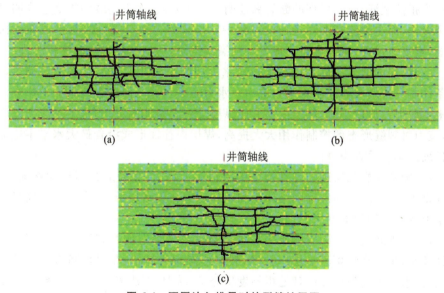

图 6-4　不同注入排量时的裂缝扩展图

(a)$3m^3/min$;(b)$5m^3/min$;(c)$7m^3/min$

由图 6-4 可知,射孔完井条件下,注入排量对煤层水力压裂微裂缝的形态影响较大。当压裂液排量较低时[图 6-4(a)],水力压裂裂缝更易沿垂直层理方向扩展,且主裂缝会在层理处多次发生分叉和转向,形成多条沿层理扩展的次生裂缝。随着压裂液排量的增加[图 6-4(b)和图 6-4(c)],水力压裂裂缝在层理处发生分叉、转向的次数逐渐减少,形成次生裂缝的数量也逐渐降低,而沿层理的次生裂缝的延伸距离却不断增加。这说明低压裂液排量下,水力压裂裂缝更易沿垂直层理方向扩展,且在层理处更易发生分叉和转向,形成的次生裂缝数量也相对较多,裂缝形态较复杂;而压裂液排量较高时,次生裂缝更易沿层理扩展,裂缝形态相对简单。同时,对比分析图 6-4(a)和图 6-4(b)可知,压裂液排量不宜过小,过小的排量不利于水力压裂裂缝的快速延伸。因此,煤层水力压裂时需要适时控制压裂液的排量,不仅能促使水力压裂裂缝在层理处分叉、转向,形成多条次生裂缝,还能控制次生裂缝的延伸速度,有利于裂缝网络的形成。

6.4　本章小结

本章在考虑煤层非均质性和层理较发育的基础上,利用 RFPA^{3D} 软件建立了各向异性的煤层三维水力压裂数值计算模型,分析了不同煤层地质条件和施工因素下水力压裂微裂缝的延伸规律,得到的主要结论有:

(1)煤层水力压裂裂缝在射孔端部由于张拉破裂起裂后,在垂直层理扩展的过程中,在层理处会发生分叉、转向,形成沿层理扩展的次生裂缝,且主裂缝和次生裂缝均为张拉裂缝;由于层理的断裂韧性明显小于基质,次生裂缝的扩展速度明显比主裂缝快,而主裂缝在继续延伸的过程中在层理处再次分叉、转向,形成新的次生裂缝,重复该过程,直至最后形成复杂的裂缝网络,达到煤层气藏的体积改造。

(2)煤层的地质条件和压裂参数对水力压裂裂缝几何形态有较大影响。地应力条件尤其是最大与最小水平主应力对水力压裂裂缝几何形态有较大的影响。当水平主应力差值较小时,煤层内易形成纵横交错的裂缝网络;当水平主应力差较大时,应力对裂缝形态的控制作用大大提高,煤层内往往形成沿着最大水平主应力方向扩展的单一垂直裂缝。

(3)随着煤岩和层理的弹性模量的差值逐渐增大,主裂缝几何尺寸逐渐降低,尤其是主裂缝缝长,而裂缝网络体积和破裂压力却逐渐增加,较大的弹性模量差更易于形成复杂的裂缝网络。

(4)层理断裂韧性为影响水力压裂微裂缝延伸形态的控制因素。层理的断裂韧性较小,次生裂缝更易沿层理扩展,裂缝形态相对简单;在层理断裂韧性适中的煤层内,水力压裂裂缝在层理处更易发生分叉、转向,形成多条次生裂缝,有利于网状裂缝的形成。

(5)适时控制注入排量,不仅能促使水力压裂微裂缝在层理处分叉、转向,形成多条次生裂缝,还能控制次生裂缝的延伸速度,有利于煤层复杂网状裂缝的形成。

7 煤层气井水力压裂网状裂缝的扩展研究

7.1 引言

水力压裂作用下的裂缝空间几何形状,主要由地层应力和岩石力学性质等客观条件决定。另外,压裂施工作业参数,如施工规模、施工排量、压裂液黏度与压裂液滤失等,也可以在一定程度上影响裂缝的形态。因此,对煤层水力压裂裂缝可能出现的形态进行分析与判别,对于指导煤层气的高效开采与后期评定施工压裂效果有着重要的意义。

体积压裂作为一种新型的压裂技术,已经在页岩气和低渗油藏开采得到较为广泛的应用,而在煤层气开采中尚不多见。这主要因为体积压裂需要满足一系列工程条件才能达到预期的水力压裂效果。体积压裂与常规水力压裂的原理完全不同,对裂缝性储层的压裂是充分利用地层内的层理与天然裂缝,通过压裂改造产生多条横纵交错的人工裂缝,沟通远离井筒区域的天然裂缝系统,进一步扩大泄流面积,而不是去控制天然裂缝的扩展。采用体积压裂技术在天然裂缝发育良好的煤层近井区域甚至远井地带都极有可能产生纵横交错的裂缝网络,沟通更远的天然裂缝,形成更大的渗流范围,充分发挥主裂缝和天然裂缝网络的增产优势,增加煤岩基质的供气能力,对煤层气藏改造具有重要的意义。[①]

本章以焦作某煤矿压裂井 JZ-B 所在的区块为研究对象,利用 Meyer 软件中的 MFrac 和 MShale 裂缝模拟模块分别对该区块进行常规水力压裂和体积压裂模拟计算,得到不同压裂条件下的裂缝几何形态,结果表明体积压裂对煤层气藏的改造效果更好。同时,验证了煤储集层内实施体积压裂技术的可行性,并给出了体积压裂在煤层中的适用条件。

7.2 MShale 模块简介

Meyer 软件是一款由 Meyer & Associates,Inc. 公司开发的水力压裂模拟软件,其在水力压裂设计方面应用得非常广泛,该软件内部包含很多不同功能的应用

---

① Jiang T T,Zhang J H,Wu H. Impact analysis of multiple parameters on fracture formation during volume fracturing in coalbed methane reservoirs [J]. Current Science,2017,112(2):332-347.

模块。本书所用的数值计算模块为 MShale,该模块能对非常规油气藏如煤层、页岩进行缝网压裂设计与分析,可以用来模拟非常规油气藏内形成的不连续裂缝网络,能有效解决煤层和页岩水力压裂裂缝模拟与分析的难题,是目前国际上唯一具备此功能的 3D 压裂模拟软件。MShale 是一个离散缝网模拟器(DFN),该三维模拟器可用来模拟煤层和页岩因压裂增产措施所形成的多裂缝、丛式裂缝和离散缝网。MShale 模块的基本理论和算法如下。

假设压裂液为不可压缩流体,则裂缝内的质量守恒方程为:

$$\int_0^t q(t)\mathrm{d}t - V_f(t) - V_l(t) - V_{sp}(t) = 0 \tag{7-1}$$

式中:t 为时间,s;q 为压裂液排量,$\mathrm{m^3/s}$;V_f 为裂缝体积,$\mathrm{m^3}$;V_l 为压裂液滤失量,$\mathrm{m^3}$;V_{sp} 为压裂液初始滤失量,$\mathrm{m^3}$。

弹性条件下裂缝起裂压力与裂缝开裂间的关系式为:

$$W(x,z,t) = \Gamma_W(x,y,z,t)\frac{2(1-\nu)}{G}H_\xi\Delta P(x,0,t) \tag{7-2}$$

式中:x,y,z 为研究目标位置的坐标值;Γ_W 为一个广义影响函数;ν 为地层的泊松比;G 为地层的剪切模量,GPa;H_ξ 为半裂缝高度表征参数;ΔP 为裂缝内净压力,MPa。

裂缝起裂判别采用应力强度因子准则,即裂缝起裂时尖端位置处的应力强度因子 K_I 等于煤岩断裂韧性 K_{IC} 或者临界应力值等于煤岩的临界破坏强度($\sigma_I = \sigma_{IC}$)。在实际计算时应力强度因子和应力值同时使用,取两者中的较大值。

7.3 煤层气井基础压裂参数

本书以焦作某煤矿压裂井 JZ-B 为例对其所在的区块进行数值模拟研究,压裂井井身轨迹见图 7-1。压裂井生产套管外径为 139.7mm,壁厚 7.72mm,钢级 J55,垂深为 1120m;内部无油管,采用套管压裂方式。煤层顶部埋深为 1069.5m,煤层厚度为 8.7m,煤层中垂向主应力、水平最大与最小主应力分别为 23.4MPa、25.7MPa 和 16.7MPa。

为保证数值模型输入的参数能较为真实地代表实际地层,以室内试验获得的山西组二₁煤层的力学特性参数为参考,并根据相

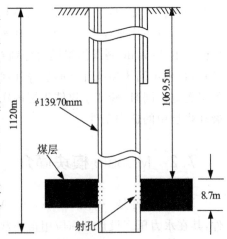

图 7-1 焦作某煤矿 JZ-B 井身轨迹图

关研究成果[1][2],初步确定煤层与上下隔层的力学参数如表 7-1 所示。

表 7-1　　　　　　　　　　　　　煤层与上下隔层力学参数

	参数	数值
煤层	弹性模量/GPa	1.86
	泊松比	0.33
	黏聚力/MPa	0.98
	内摩擦角/(°)	20.1
	抗拉强度/MPa	0.92
	断裂韧性/(MPa·m$^{0.5}$)	0.31
	渗透率/mD	0.51
上下隔层	弹性模量/GPa	12.5
	泊松比	0.32
	黏聚力/MPa	3.2
	内摩擦角/(°)	30.5
上下隔层	抗拉强度/MPa	2.2
	断裂韧性/(MPa·m$^{0.5}$)	1.2
	渗透率/mD	0.002

压裂井采用套管射孔完井方式,采用限流法射孔,使产生的人工裂缝系统尽可能沟通天然裂缝系统。JZ-B 井的射孔参数见表 7-2。

表 7-2　　　　　　　　　　　　　JZ-B 井射孔参数

射孔数量	射孔密度/(孔/m)	射孔孔径/mm	射孔段垂深/m	射孔段长度/m
85	10	9.91	1069.5	8.5

压裂液主要有造缝、携砂与返排等功能,但必须将其对天然裂缝和层理的伤害问题放在首位。煤岩的吸附能力较强,这就要求压裂液的配伍性很高,否则注入的压裂液与煤层间会发生吸附或不良反应。压裂液的选择标准为:尽可能地降低压裂液吸附作用、防止割理堵塞,且不会降低储层渗透率。目前,国内外使用较多的压裂液为清洁压裂液与活性水压裂液。清洁压裂液不需要加入破胶剂,具有返排

---

① 宋志敏,孟召平. 焦作矿区山西组二₁煤层含气量的控制因素探讨[J].中国矿业大学学报,2002,31(2):179-181.

② 秦勇,侯士宁,李大华,等. 豫西北地区山西组二₁煤层的生烃历史[J].煤田地质与勘探,1990(6):31-36,23.

与输送能力强、滤失量小,对煤岩储层的伤害较低和易于操作等特点。活性水压裂液属于清水压裂液的一种,它具有以下特点:(1)具有较低的界面张力和表面张力;(2)压裂液水质清洁,用水达到了低渗透储层施工用水的水质标准,对煤层的污染较小;(3)具有较好的防膨性能;(4)适用于低温地层且价格便宜。压裂液的特性对压裂裂缝的几何形态和导流能力有着直接影响,综合考虑煤层特性、压裂工艺和经济成本等要求,JZ-B 压裂井选用活性水压裂液。

支撑剂也是影响裂缝导流能力的关键因素之一,其作用在于充填并支撑压裂产生的水力压裂裂缝,最终在储层内形成具有高导流能力的流动通道,其性能好坏将直接影响压裂井的增产效果及生产动态;除此之外,选用支撑剂时也必须考虑紊流对裂缝导流能力的影响、压裂液污染等问题。支撑剂分为天然与人造两大类型,天然支撑剂中运用较为广泛的为石英砂,它具有分布广、性质脆且坚硬、颜色多样、热稳定性好等特点,大多产于沙漠、河滩或沿海地带,常呈块状或粒状集合体。人工支撑剂以人造陶粒支撑剂与树脂包层砂为代表。理想的支撑剂性质应满足以下条件:(1)为了获得最大的裂缝支撑宽度,支撑剂应具有足够的抗压强度;(2)支撑剂的颗粒相对密度要低,以便于泵送;(3)在高温条件下,压裂液及储层流体不产生化学反应,避免对裂缝造成伤害;(4)在易于泵入裂缝的前提下,支撑剂的颗粒应尽可能大些,且颗粒均匀,圆度和球度均接近于 1,以获得较高导流能力;(5)货源充足,价格便宜,与石英砂相当。综上所述,JZ-B 井的支撑剂选用石英砂,密度为 $2650kg/m^3$,其他性能指标见表 7-3。

表 7-3   支撑剂性能指标

序号	名称	规格
1	圆度	0.67
2	球度	0.68
3	酸溶解度/%	2.9
4	浊度/NTU	10.1
5	破碎率/%	16.27
6	筛析/%	92.40

本书通过 JZ-B 井向煤层气藏注入大量的高滤失、轻度胶化的液体,探寻并扩展天然裂缝,并使压裂液和支撑剂进入扩展的天然裂缝与人工裂缝中,扩大储层渗流面积,提高产能。本设计中采用恒定排量的泵注方式,压裂液排量为 $15m^3/min$,施工时间为 60min,表 7-4 给出了数值模拟所需的其他基本参数。

表 7-4 其他基本参数

参数	数值	参数	数值
综合滤失系数/(m·min$^{0.5}$)	0.0001524	初滤失/(m³/m²)	0.0012
储层流体黏度/(mPa·s)	10	支撑剂粒径/mm	0.67
造壁滤失系数/(m·min$^{0.5}$)	4.8	流体压缩系数/(1/MPa)	4.27×10^{-4}
达西摩擦因子	0.04	压裂液黏度/(mPa·s)	1
压裂液密度/(kg/m³)	1013		

　　为了对比常规水力压裂和体积压裂在煤层中的压裂效果,本章分别对两种不同压裂方式时 JZ-B 井水力压裂裂缝的扩展进行了模拟计算,并对比了这两种压裂方式的计算结果,得到的具体结果见 7.4 节和 7.5 节。

7.4 煤层气井常规水力压裂研究

　　本节利用 Meyer 软件中的 MFrac 模块对压裂井所在的区块进行了常规水力压裂分析,该模块可以进行压裂、酸化、酸压、压裂填充、端部脱砂和泡沫压裂等模拟,本书主要利用它的压裂模拟功能。根据基本压裂参数和焦作某煤矿 JZ-B 井身轨迹参数,数值模拟得到水力压裂裂缝的三维空间图如图 7-2 所示,图 7-2 中水力压裂裂缝处白色的粗实线为压裂井筒,中间的红色段为标注出的射孔段范围。由图 7-2 可知:常规水力压裂后,煤层内产生单一双翼裂缝,并以井筒为轴对称分布。

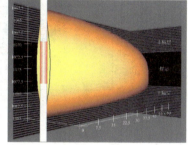

图 7-2 单一裂缝三维空间图

　　图 7-3 为煤层气井常规水力压裂裂缝的缝长剖面图。由图 7-3 可知,水力压裂裂缝半缝长为 57.15m,缝高为 17.86m,最大缝宽可达到近 1.58cm,越靠近压裂井井筒射孔段范围缝高、缝宽值越大,随着缝长向远井地带延伸,缝高与缝宽值逐渐降低。

　　图 7-4 为常规水力压裂裂缝的缝宽剖面图。图 7-4 中裂缝的缝宽剖面近似呈椭圆形,随着缝长的延伸,缝宽剖面的高度与宽度逐渐减小,形状由长轴平行缝宽方向上的椭圆逐渐过渡为长轴平行于缝高方向上的椭圆。

　　图 7-5 给出了水力压裂裂缝导流能力图。由图 7-5 可知:通过常规水力压裂,水力压裂裂缝的导流能力大大提高,这主要是由于裂缝的缝宽较大,液体通过裂缝的能力增强,随着裂缝向远井地带延伸,裂缝导流能力逐渐下降。

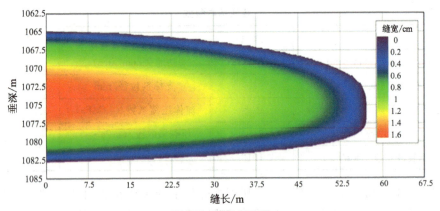

图 7-3　缝长剖面图

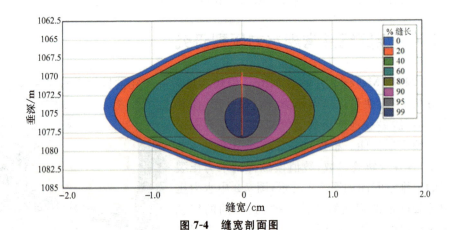

图 7-4　缝宽剖面图

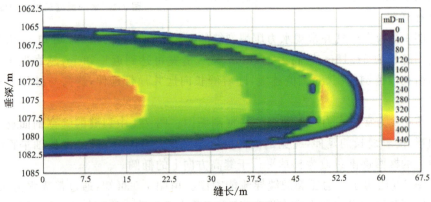

图 7-5　单一裂缝导流能力

水力压裂裂缝内单位面积铺砂浓度见图 7-6。由图 7-6 可知,虽然裂缝导流能力较强,然而铺砂浓度却相对较低,最高仅为 $15kg/m^2$,这说明水力压裂裂缝的缝高与缝宽过大引起了压裂液的大量滤失,造成了支撑剂的极大浪费,经济效益较差,压裂效果有待提高。

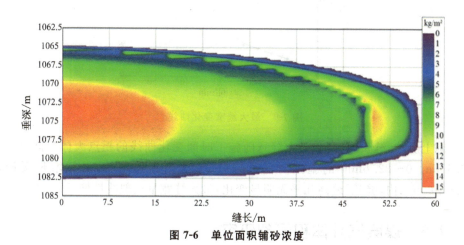

图 7-6   单位面积铺砂浓度

图 7-7 为水力压裂裂缝缝长随着施工时间的变化曲线。由图 7-7 可知,水力压裂初期,裂缝长度增长较快,与施工时间呈近似线性关系;22.6min 时,裂缝的长度几乎达到最大值,在随后的 37.4min 内缝长增长缓慢,几乎无明显变化。

裂缝高度随着施工时间的变化曲线见图 7-8。由图 7-8 可知,缝高在水力压裂初期增长较快,与施工时间呈近似线性关系;在 22.6min 时,缝高几乎达到最大值,在随后的 37.4min 内缝高增长缓慢,几乎无明显变化。

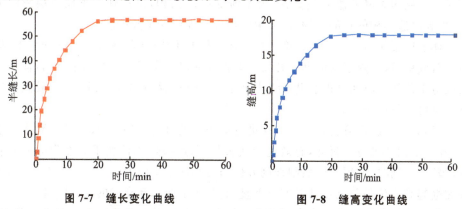

图 7-7   缝长变化曲线   图 7-8   缝高变化曲线

图 7-9 为裂缝最大缝宽随施工时间的变化曲线。由图 7-9 可知,施工初期,缝宽增长缓慢,22.6min 时的最大缝宽为 0.37cm;22.6min 后,缝宽迅速增长,与施工时间呈近似线性关系,可认为22.6min 为最大缝宽曲线的拐点。在施工结束时刻,裂缝最大缝宽达到最大值 1.58cm。

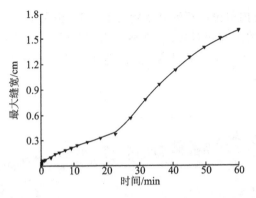

图 7-9　最大缝宽变化曲线

综上所述,缝长、缝高和最大缝宽随施工时间变化曲线的拐点大体相同,均为22.6min。0～22.6min 的施工时间段内缝长、缝高迅速增长,缝宽增长缓慢;22.6～60min内,缝长、缝高几乎无明显变化,最大缝宽呈近似线性增长。

7.5　煤层气井体积压裂研究

7.5.1　体积压裂可行性分析

与常规的压裂工艺技术不同,体积压裂是在尽可能不降低储集层渗透率的前提下,将具有渗流能力的储集层全部打碎,在储层内形成一条或多条主裂缝,并沟通天然裂缝,形成与常规压裂不同的人工和天然裂缝相互交错的裂缝网络,极大地缩短了基质向裂缝的渗流距离,扩大了泄油(气)面积,以达到改善储集层渗流通道、提高改造体积的目的,最终最大限度地提高煤层气单井产能。

体积压裂作为一种全新的增产技术在油气开采中(尤其在页岩气的开采中)取得显著成果,这对煤层气的勘探开发具有很好的启示作用。研究结果指出,体积压裂改造工艺技术可明显改善煤储集层的渗流环境,提高单井产量。[1] 一般满足以下三点可进行体积压裂:

(1)天然裂缝发育良好。储集层进行体积压裂时,会同时形成主裂缝和次生裂缝,并不断向三维方向延伸,有效地沟通天然裂缝系统,因此要求天然裂缝的发育程度较高。同时,储层内天然裂缝的方位与最小水平主应力的方位一致时,水力压裂裂缝起裂方位易与天然裂缝方位垂直,有利于形成相互交错的裂缝网络。

煤储集层作为一个具有多裂缝特征的有机岩体,其内部广泛发育着天然裂缝、节理与层理等,但是裂缝之间的连通性较差,当其进行体积压裂时,其压开人工裂

① 　程林林,程远方,祝东峰,等.体积压裂技术在煤层气开采中的可行性研究[J].新疆石油地质,2014,35(5):598-602.

缝的侧向会产生多级次生裂缝,与原始的天然裂缝、节理等相互交织、沟通,形成大规模的裂缝网络,从而取得较好的压裂效果。

(2)脆性指数较高。岩石的脆性指数越高,储集层越容易发生断裂破坏,储集层的可压性越好。由第 2 章煤岩单轴压缩试验可知,所取试样的轴向峰值应变均小于 1%,按工程指标煤岩试样的破坏模式均为脆性破坏,说明压裂井所在区块的岩石脆性指数较高,满足体积压裂的要求。

(3)地层水平主应力差值小。储层进行压裂改造时,主应力的大小与方位决定了人工裂缝的方位与形态,裂缝总是沿着最大水平主应力的方向起裂与延伸。因此,当地层的水平主应力差值较大时,易于形成单一的主裂缝形态;当水平主应力相差较小时,有利于形成网状的裂缝系统。JZ-B 压裂井所在储层的主应力差异系数为 1.03,水平主应力差异较小,满足体积压裂要求。

综上所述,JZ-B 井所在煤岩储层的体积压裂可行性较好,本书利用裂缝数值模拟软件 Meyer 中的 MShale 模块对 JZ-B 压裂井所在区域进行模拟计算,对体积压裂条件下煤层气藏内是否能形成缝网系统进行验证,这将对今后煤层气的开发研究提供参考。

7.5.2 煤岩储层缝网形态分析

基于压裂参数和 JZ-B 压裂井井身轨迹参数对该井所在的区域进行了体积压裂,图 7-10 为煤岩储层内实施体积压裂后形成的网状裂缝三维示意图,图中白色的粗实线为井筒。

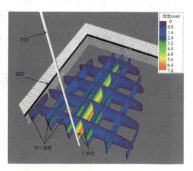

由图 7-10 可知:(1)裂缝网络内,主裂缝发育最好,其缝长、缝高和缝宽均最大;(2)平行于主裂缝的次生裂缝几何尺寸普遍大于垂直于主裂缝的次生裂缝几何尺寸,尤其是裂缝长度与宽度;(3)与主裂缝平行的次生裂缝,若距离主裂缝的垂直距离越小,次生裂缝的几何尺寸越大;(4)与主裂缝垂直

图 7-10　网状裂缝三维示意图

的次生裂缝,若距离主裂缝缝长中心的距离越小,裂缝几何尺寸越大。近井筒区域内的净压力值最大,则最有可能在近井筒处产生主裂缝与多条次生裂缝,然而垂直于主裂缝系统方向上的渗透率较差,因此压裂产生的多条高导流能力裂缝均与主裂缝方向相同。

图 7-11 给出了网状裂缝的平面分布示意图,图内以主裂缝的中心作为 x-y 平面的坐标原点,x 轴沿着主裂缝缝长扩展方向,y 轴为垂直于主裂缝的次生裂缝延伸方向,形成的次生裂缝以主裂缝为中心形成了一系列纵横交错的网络系统,从平面上看缝网轮廓近似为以主裂缝为长轴的椭圆。通过体积压裂,煤层内共产生了17 条裂缝,说明体积压裂对煤层气藏的改造效果较好,能较好地沟通储层与井筒,可大大提高生产井产量。其中,平行于 x 轴方向上共有 7 条裂缝,主裂缝位于中

心,两侧各有 3 条次生裂缝,以主裂缝为对称轴呈现对称状,次生裂缝的缝宽发育良好,且越靠近主裂缝,次生裂缝的缝宽值越大。平行于 y 轴方向上共有 10 条次生裂缝,这些次生裂缝均垂直于主裂缝,并呈现出对称分布形式,越靠近缝网中心裂缝的缝长、缝宽越大,然而平行于 y 轴方向上的次生裂缝缝长和缝宽明显小于平行于 x 轴方向上的缝长与缝宽。

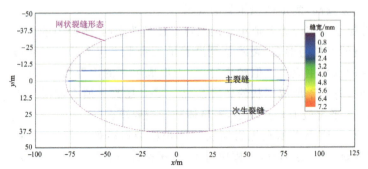

图 7-11　网状裂缝平面分布示意图

图 7-12 为体积压裂后主裂缝沿缝长方向的剖面图,由图可知:主裂缝半缝长 76.98m,缝高为 9.11m,最大缝宽为 7.16mm,越靠近压裂井井筒主裂缝的缝宽、缝高值越大,随着缝长向远井地带延伸,缝宽与缝高值逐渐降低。同时,JZ-B 井上覆地层和下卧层具有较高的强度,有效限制了裂缝向非煤地层中扩展,说明焦作煤矿 JZ-B 井的地层特征对实施体积压裂较为有利。

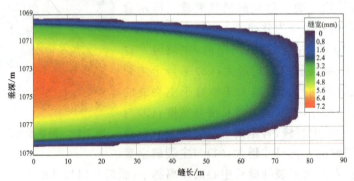

图 7-12　主裂缝缝长剖面

图 7-13 为水力压裂后主裂缝沿缝宽方向的剖面图,由图可知:主裂缝的缝宽剖面近似为椭圆形,随着缝长的延伸,缝宽剖面的高度与宽度逐渐减小,形状由长轴平行缝宽方向上的椭圆逐渐过渡为长轴平行于缝高方向上的椭圆。

图 7-14 为主裂缝单位面积铺砂浓度图,通过体积压裂,主裂缝的铺砂浓度大幅提升。随着主裂缝向远井地带延伸,压裂液的携砂能力逐渐降低;主裂缝内铺砂浓度最高可达 $60kg/m^2$,表明压裂液的携砂能力较好,且压裂液滤失量较小,经济效益较高,可满足煤层压裂施工的要求。

图 7-15 为主裂缝导流能力图,由图可知:通过体积压裂,主裂缝的导流能力大

幅提升,导流能力最大值约为 230mD·m。随着主裂缝向远井地带延伸,裂缝内导流能力逐渐降低。

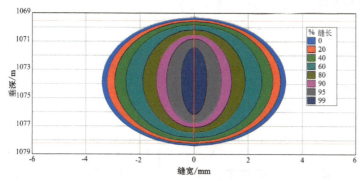

图 7-13　主裂缝缝宽剖面

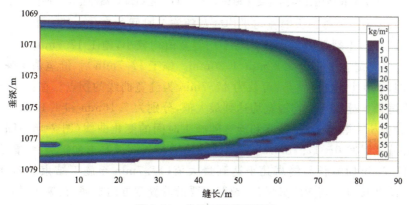

图 7-14　单位面积铺砂浓度

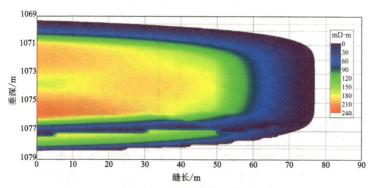

图 7-15　主裂缝导流能力

　　图 7-16 为主裂缝缝长随着施工时间的变化曲线,由图可知:体积压裂初期,主裂缝缝长增长较快,与施工时间呈近似线性关系;施工 17.7min 左右后,主裂缝的缝长达到最大值,此后数值几乎无明显变化。

图 7-17 为主裂缝缝高随着施工时间的变化曲线,由图可知:主裂缝缝高在体积压裂初期增长较快,与施工时间呈近似线性关系;施工 17.7min 左右后,主裂缝的缝高达到最大值,此后数值几乎无明显变化。

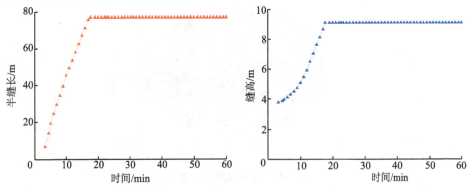

图 7-16　主裂缝缝长随施工时间的变化曲线　图 7-17　主裂缝缝高随施工时间的变化曲线

图 7-18 为主裂缝最大缝宽与平均缝宽随施工时间的变化曲线。由图可知:在体积压裂初期,主裂缝的最大缝宽与平均缝宽值均较小,施工 17.7min 时,主裂缝的最大与平均缝宽分别为 2.32mm、1.20mm。施工 17.7min 后,缝宽值迅速增长,与施工时间近似呈线性关系,可认为 17.7min 为缝宽曲线的拐点。在施工结束时刻,主裂缝最大缝宽与平均缝宽均达到最大值,分别为 7.16mm 和 4.10mm。

综合分析主裂缝缝长、缝高和缝宽随施工时间的变化曲线(图 7-16～图 7-18)可得:在施工时间 0～17.7min,主裂缝主要沿着缝长与缝高方向扩展,缝宽增长缓慢;在 17.7min 时缝长与缝高几乎达到最大值;17.7min 至施工结束的时间范围内,主裂缝缝长与缝高无明显增长,裂缝主要沿着缝宽方向扩展,在施工结束时刻,缝宽达到最大值。

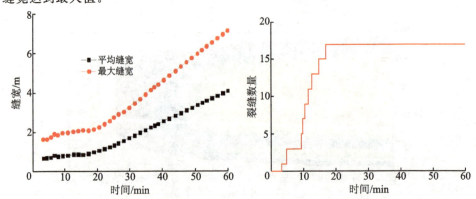

图 7-18　主裂缝缝宽随施工时间的变化曲线　图 7-19　裂缝数量随施工时间的变化曲线

图 7-19 为缝网内裂缝数量随施工时间的变化曲线。由图可知,裂缝数量并非连续增长,而是呈现跳跃式。造成这种现象的主要原因是:随着压裂施工的进行,在裂缝尖端处聚集的能量不断增加,当该能量增加到某一临界值时,即产生新裂

缝,此时聚集的能量得以释放。随后,压裂液与支撑剂在新形成的裂缝内流动,在新的裂缝尖端将会再次发生新的能量聚集和桥接效应,导致新的次生裂缝形成。同时,聚集的能量也会引起裂缝尺寸的进一步扩展。由于水力压裂产生的能量影响范围有限,以上新裂缝的产生和旧裂缝尺寸的增加都会被限定在一定区域内。根据第2章和第3章的试验结果可知,焦作JZ-B井的煤层中层理和裂缝较为发育,煤岩脆性指数较高,最大和最小水平主应力差值较小,在水力压裂过程中有利于新的裂缝的产生。

图7-20为主裂缝体积与缝网内所有裂缝总体积随施工时间的变化曲线,不同于裂缝缝长的变化规律,裂缝体积随着施工时间的增加迅速增长,曲线上并无拐点,裂缝体积与施工时间呈近似线性关系。施工结束时,主裂缝体积与缝网内裂缝总体积均取得最大值,分别为12.04m³、61.68m³,主裂缝体积占裂缝总体积的19.52%,说明主裂缝仍然是煤层气渗流的主要流通通道。

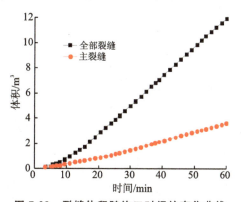

图7-20　裂缝体积随施工时间的变化曲线

7.6　本章小结

本章利用裂缝模拟软件Meyer分别对压裂井JZ-B所在的区块进行了常规水力压裂和体积压裂数值模拟计算,得到不同压裂条件下的裂缝几何形态,结果表明体积压裂对煤层气藏的改造效果更好。验证了煤储集层内实施体积压裂技术的可行性,给出体积压裂在煤层中的适用条件,分析了主裂缝几何尺寸、裂缝数量和裂缝体积随施工时间的变化规律。本章得到的主要结论如下:

(1)常规水力压裂后煤岩储层内形成单一双翼裂缝,而体积压裂在储层内形成纵横交错的裂缝网络。与常规水力压裂裂缝相比,体积压裂产生的主裂缝形态较为长窄,可有效控制裂缝的高度,使裂缝向前延伸较远,压裂效果更好。体积压裂可提高主裂缝导流能力,随着主裂缝向远井地带延伸,裂缝导流能力和铺砂浓度逐渐降低,压裂产生的多条高导流能力裂缝与主裂缝平行。

(2)裂缝网络内,主裂缝发育最好,其缝长、缝高和缝宽均为最大值;平行于主裂缝的次生裂缝几何尺寸普遍大于垂直于主裂缝的次生裂缝几何尺寸,尤其为裂缝长度和宽度;与主裂缝平行的次生裂缝,距离主裂缝的垂直距离越小,次生裂缝的几何尺寸越大;与主裂缝垂直的次生裂缝,距离井筒位置的距离越小,裂缝几何尺寸越大。

(3)体积压裂施工初期,主裂缝主要沿缝长与缝高方向扩展,缝宽增长缓慢;在某一施工时刻后,主裂缝缝长与缝高无明显增长,裂缝主要沿缝宽方向扩展,在施工结束时刻,缝宽达到最大值,与常规水力压裂单一裂缝形态的变化规律相同。

(4)体积压裂过程中,裂缝数量并非连续增长,而是呈现跳跃式,在施工的某一时刻达到最大值;主裂缝体积和缝网总体积与施工时间近似呈线性关系增长,主裂缝是煤层气渗流的主要流通通道。

8　煤层气藏水平井水力压裂裂缝扩展规律研究

8.1　引言

水平井具有压裂层段长、穿透度高和泄油面积大等特点,可以大大提高单井的采收率。[①] 利用水平井对储层进行压裂改造已是复杂油气藏开发的重要举措,尤其是对低渗透、裂缝性气藏和稠油油藏而言显得尤为重要。通过水平井对煤层进行水力压裂改造,在近井区域甚至远井地带都极有可能产生多条横纵交错的人工裂缝,形成更大的渗流范围,充分发挥水力压裂裂缝网络的增产优势,增加煤岩基质的供气能力,对煤层气藏改造具有重要的意义。

本章以煤层气藏压裂水平井 H-J-1 所在的区块为研究对象,利用 Meyer 软件中的 MShale 裂缝模拟模块对该区块进行了水力压裂模拟计算,得到水力压裂后的裂缝几何形态,结果表明水平压裂井对煤层气藏的改造效果较好,并给出了影响复杂裂缝网络形态的重要因素。

8.2　压裂水平井基础参数

本书以压裂水平井 H-J-1 为例对其所在的区块进行数值模拟研究,压裂井井身轨迹见图 8-1。压裂井生产套管外径为 139.7mm,壁厚 7.72mm,钢级 J55,垂深为 675m;内部无油管,采用套管压裂方式。煤层顶部埋深为 673m,煤层厚度为7.6m,煤层中垂向主应力、水平最大与最小主应力分别为 15.7MPa、9.6MPa 和 7.4MPa。

为保证数值模型输入的参数能较为真实地代表实际地层,根据相关现场资料,初步确定煤层与上下隔层的力学参数如表 8-1 所示。

---

① Dimaki A V, Shilko E V, Astafurov S V, et al. Simulation of deformation and fracture of fluid-saturated porous media with hybrid cellular automaton method[J]. Procedia Materials Science, 2014(3):985-990.

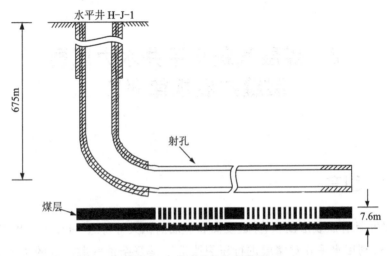

图 8-1　H-J-1 井井身轨迹图

表 8-1　　　　　　　　　　　　　煤层与上下隔层力学参数

	参数	数值
煤层	弹性模量/GPa	2.66
	泊松比	0.26
	黏聚力/MPa	0.72
	内摩擦角/(°)	18.4
	抗拉强度/MPa	1.03
	断裂韧性/(MPa·m^{0.5})	0.25
	渗透率/mD	0.57
上下隔层	弹性模量/GPa	11.8
	泊松比	0.24
	黏聚力/MPa	4.2
	内摩擦角/(°)	24.5
	抗拉强度/MPa	4.6
	断裂韧性/(MPa·m^{0.5})	2.6
	渗透率/mD	0.0015

　　压裂井采用的是套管射孔完井方式,采用限流法射孔,使产生的人工裂缝系统

尽可能沟通天然裂缝系统。H-J-1 井的射孔参数见表 8-2,并选用活性水力压裂液。

表 8-2 **H-J-1 井射孔参数**

射孔密度/(孔/m)	射孔孔径/mm	射孔段垂深/m	射孔段长度/m
11	9.906	675	564

本书通过 H-J-1 井向煤层气藏注入大量的高滤失、轻度胶化的液体,探寻并扩展天然裂缝,并使压裂液和支撑剂进入扩展的天然裂缝与人工裂缝中,扩大储层渗流面积,提高产能。本设计中采用恒定排量的泵注方式,压裂液排量为 12m³/min,施工时间为 240min,表 8-3 给出了数值模拟所需的其他基本参数。

表 8-3 **其他基本参数**

参数	数值	参数	数值
综合滤失系数/(m·min$^{0.5}$)	0.00015	初滤失/(m³/m²)	0.001
储层流体黏度/(mPa·s)	9.5	支撑剂粒径/mm	0.65
造壁滤失系数/(m·min$^{0.5}$)	4.8	流体压缩系数/(1/MPa)	$4.27×10^{-4}$
达西摩擦因子	0.04	压裂液黏度/(mPa·s)	1
压裂液密度/(kg/m³)	1013		

8.3 煤岩储层复杂裂缝网络形态分析

基于 H-J-1 水平井、地层和施工参数对该压裂水平井所在的区域进行了体积压裂,图 8-2 给出了压裂完成后在煤层内形成的网状裂缝三维分布图,图中白色的粗实线为压裂井筒。如图 8-2 所示,通过水力压裂,煤层内共产生了 70 条裂缝,说明水力压裂对煤层气藏的改造效果较好,能较好地沟通储层与井筒,可大大提高生产井产量。

图 8-3 给出了网状裂缝的二维分布图,x-y 平面的坐标原点即是裂缝网络的中心,x 轴沿着主裂缝缝长扩展方向,y 轴为水平井筒延伸方向同时也是垂直于主裂缝的次生裂缝延伸方向,为了便于计算分析,x 轴和 y 轴两个方向采用了不同的比例。平行于 x 轴方向上共产生了 18 条裂缝,在 $y=0$ 的坐标轴两侧各形成一条主裂缝,每条主裂缝一侧各有 8 条次生裂缝,均以 $y=0$ 的坐标轴为对称轴对称分布。平行于 x 轴的次生裂缝缝宽发育良好,且越靠近主裂缝,次生裂缝的缝长和缝宽越大。平行于 y 轴方向上共有 52 条次生裂缝,这些次生裂缝均垂直于主裂缝,并呈现出对称分布形式,越靠近缝网中心裂缝的缝长、缝宽越大,然而平行于 y 轴方向

上的次生裂缝缝长和缝宽明显小于平行于 x 轴方向上的缝长与缝宽。通过水力压裂,次生裂缝以主裂缝为中心形成了一系列纵横交错的网络系统,从平面上看缝网轮廓近似为以主裂缝为长轴的椭圆。

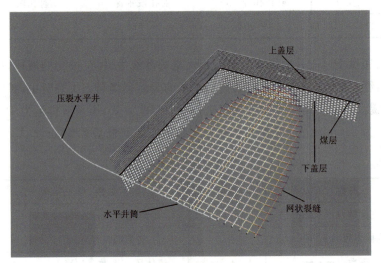

图 8-2　网状裂缝三维示意图

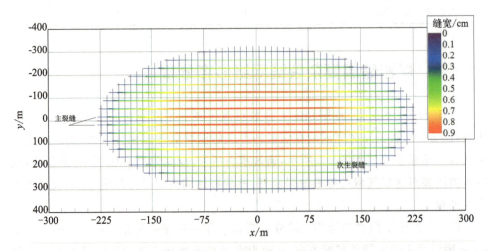

图 8-3　网状裂缝平面分布示意图

　　综合分析图 8-2 和图 8-3,可得以下结论:(1)裂缝网络内,主裂缝发育最好,其缝长、缝高和缝宽均最大;(2)平行于主裂缝的次生裂缝几何尺寸普遍大于垂直于主裂缝的次生裂缝几何尺寸,尤其是裂缝长度与宽度;(3)与主裂缝平行的次生裂缝,若距离主裂缝的垂直距离越小,次生裂缝的几何尺寸越大;(4)与主裂缝垂直的次生裂缝,若距离主裂缝缝长中心的距离越小,裂缝几何尺寸越大。近井筒区域内的净压力值最大,则最有可能在近井筒处产生主裂缝与多条次生裂缝,然而垂直于主裂缝系统方向上的渗透率较差,因此压裂产生的多条高导流能力裂缝均与主裂缝方向相同。

图 8-4 为水力压裂后主裂缝沿缝长方向的剖面图,由图可知:主裂缝半缝长 224.2m,最大缝高为 7.56m,最大缝宽为 6.64mm,越靠近压裂井井筒主裂缝的缝宽、缝高值越大,随着缝长向远井地带延伸,缝宽与缝高值逐渐降低。同时,压裂水平井的上下盖层具有较高的强度,有效限制了裂缝向非煤地层中扩展,可有效避免压裂液和支撑剂的大量流失,说明 H-J-1 压裂水平井的地层特征对实施水力压裂较为有利。

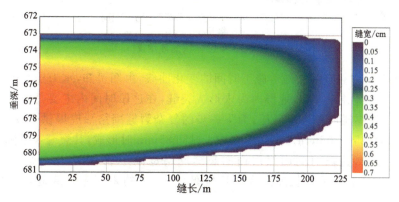

图 8-4 主裂缝缝长剖面

图 8-5 为水力压裂后主裂缝沿缝宽方向的剖面图,由图可知,主裂缝的缝宽剖面近似为椭圆形,随着缝长的延伸,缝宽剖面的高度与宽度逐渐减小,形状由长轴平行于缝宽方向上的椭圆逐渐过渡为长轴平行于缝高方向上的椭圆。

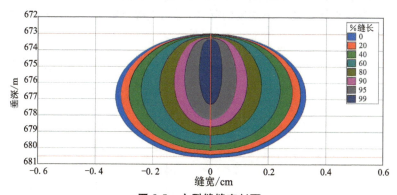

图 8-5 主裂缝缝宽剖面

图 8-6 为主裂缝内单位体积铺砂浓度图,通过水力压裂,主裂缝的铺砂浓度大幅提升。随着主裂缝向远井地带延伸,压裂液的携砂能力大幅降低;主裂缝内铺砂

浓度最高可达近 300kg/m³,表明压裂液的携砂能力较好,且压裂液滤失量较小,经济效益较高,可满足煤层水力压裂施工的要求。

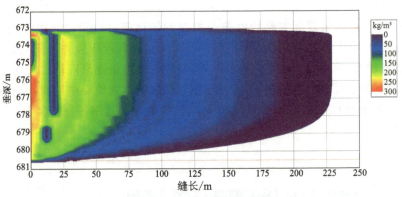

图 8-6　单位体积铺砂浓度

图 8-7 为主裂缝缝长随着施工时间的变化曲线,由图可知,水力压裂初期(0~85min),主裂缝并无开裂,地层内尚未形成裂缝,在这段时间内主要是将压裂液注入煤层内,在煤层内部憋起高压,为下一步的复杂裂缝网络形成提供必要条件;水力压裂中期(85~205min),主裂缝在施工时间 85min 时形成,其裂缝长度随时间呈现近线性增长,这段时间内煤层内的裂缝网络逐渐形成;水力压裂后期(205~240min),主裂缝缝长增长速度大幅度降低,在施工的末期主裂缝缝长一度停止增长。

图 8-8 为主裂缝平均缝宽随着施工时间的变化曲线,水力压裂初期(0~85min),主裂缝并无开裂,地层内尚未形成裂缝;在施工时间 85min 左右主裂缝开始形成,85~120min 主裂缝平均缝宽迅速增长,呈现近线性关系;施工时间 120~205min,主裂缝平均缝宽增长幅度大大降低,缝宽增长缓慢;水力压裂后期(205~240min),主裂缝平均缝宽有小幅度的降低,说明支撑剂有滤失,造成主裂缝支撑不及时。

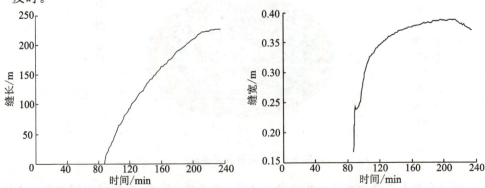

图 8-7　主裂缝缝长随施工时间的变化曲线　图 8-8　主裂缝平均缝宽随施工时间的变化曲线

图 8-9 为缝网内裂缝数量随施工时间
的变化曲线。由图可知,第一条裂缝即主
裂缝是在施工 85min 左右产生,随后煤层
内裂缝的数量迅速增长,而裂缝数量并非
连续增长,而是呈现跳跃式。造成这种现
象的主要原因是:随着压裂施工的进行,
在裂缝尖端处聚集的能量不断增加,当该
能量增加到某一临界值时,即产生新裂
缝,此时聚集的能量得以释放。随后,压
裂液与支撑剂在新形成的裂缝内流动,在
新的裂缝尖端将会再次发生新的能量聚

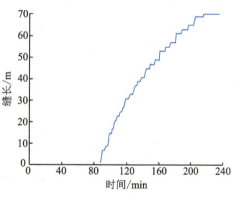

图 8-9　裂缝数量变化曲线

集和桥接效应,导致新的次生裂缝形成。同时,聚集的能量也会引起裂缝尺寸的进
一步扩展。由于水力压裂产生的能量影响范围有限,以上新裂缝的产生和旧裂缝
尺寸的增加都会被限定在一定区域内。H-J-1 压裂水平井所在的煤层中层理和裂
缝较为发育,煤岩脆性指数较高,最大和最小水平主应力差值较小,在水力压裂过
程中有利于新的裂缝的产生。

8.4　复杂缝网形态影响因素分析

考虑影响煤岩储层水力压裂裂缝形态的因素很多,本书针对地质参数(水平主
应力差)和施工参数(压裂液排量)进行定量分析,研究参数对水平井水力压裂后煤
层内裂缝网络形态的影响。煤岩储层与上下隔层的基本参数见表 8-1～表 8-3。

8.4.1　水平地应力差

为了研究水平主应力差对水力压裂裂缝网络形态的影响,本节在数值模拟计
算过程中保持其他参数不变(表 8-1～表 8-3),单独改变水平最大主应力进行模拟
计算,输入的水平主应力参数详情见表 8-4,得到的计算结果见图 8-10。

表 8-4　　　　　　　　　　　水平主应力差输入参数

水平最大主应力/MPa	8.1	9.6	11.1
水平最小主应力/MPa	7.4	7.4	7.4
主应力差值/MPa	0.7	2.2	3.7

当煤层内水平主应力差为 0.7MPa 时,地层中通过体积压裂共产生了 84 条裂
缝,其中平行于主裂缝方向上共有 26 条裂缝,包括两条主裂缝和 24 条次生裂缝,
垂直于主裂缝方向上共产生了 58 条次生裂缝;当煤层内水平主应力差为 2.2MPa

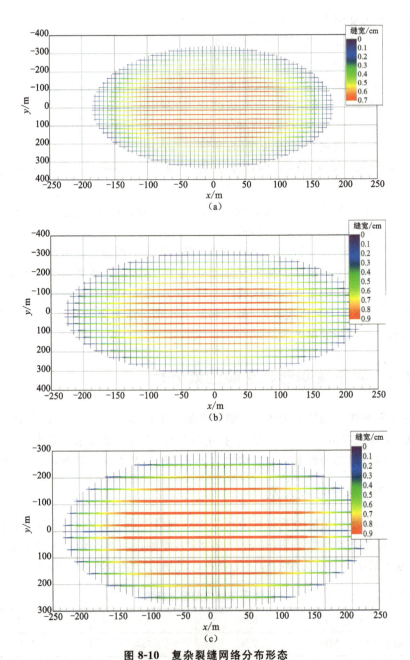

图 8-10 复杂裂缝网络分布形态

(a)主应力差0.7MPa；(b)主应力差2.2MPa；(c)主应力差3.7MPa

时,地层中通过水力压裂共产生了 70 条裂缝,其中平行于主裂缝方向上共有 18 条裂缝,包括两条主裂缝和 16 条次生裂缝,垂直于主裂缝方向上共产生了 52 条次生裂缝;当煤层内水平主应力差为 3.7MPa 时,地层中产生的裂缝数量为 62 条,其中平行于主裂缝方向上共有 12 条裂缝,垂直于主裂缝方向上共产生了 50 条次生裂缝,说明水平主应力差值对水平井水力压裂产生的裂缝数量影响较大,随着水平主应力差值的增加,裂缝数量逐渐减少。

当煤层内水平主应力差为 3.7MPa 时,煤层内水平最大主应力值最大(即水平主应力差最大),此时沿主轴方向上的裂缝扩展长度最大,然而垂直于主轴方向的次生裂缝缝长最短,且缝网内裂缝宽度最大。随着水平主应力差值的增加,缝网的长短轴比值逐渐增加,这是由于随着 σ_1 的增加,裂缝在平行于 σ_1 方向上受到力越大,迫使裂缝扩展的方向发生转移。综上所述,煤层气藏内实施水力压裂,水平主应力的非均匀性不利于裂缝网络的形成。

8.4.2 压裂液排量

为了研究注入排量对水力压裂裂缝网络形态的影响,本节在数值模拟计算过程中保持其他参数不变(表 8-1~表 8-3),通过改变相同施工时间内注入不同排量来分析其对裂缝扩展的影响,数值模拟中注入排量参数详情见表 8-5,得到的计算结果见图 8-11。

表 8-5   压裂液排量输入参数

总排量/m³	1920	2880	3360
注入时间/min	240	240	240
注入排量/(m³/min)	8	12	14

图 8-11 分别给出了泵注完成后不同排量条件下,煤岩储层内形成的裂缝网络系统的几何形态。注入排量为 8m³/min 时,煤层中通过水力压裂共产生了 54 条裂缝,其中平行于主裂缝方向上共有 14 条裂缝,包括两条主裂缝和 12 条次生裂缝,垂直于主裂缝方向上共产生了 40 条次生裂缝;注入排量为 10m³/min 时,地层中通过水力压裂共产生了 70 条裂缝,其中平行于主裂缝方向上共有 18 条裂缝,垂直于主裂缝方向上共产生了 52 条次生裂缝;注入排量为 14m³/min 时,地层中产生的裂缝数量为 107 条,其中平行于主裂缝方向上共有 31 条裂缝,垂直于主裂缝方向上共产生了 76 条次生裂缝。在注入时间不变的条件下,注入排量对水平井水力压裂产生的裂缝数量影响较大,随着注入排量的增加,裂缝数量逐渐增长。

由图 8-11 可知,相同的施工时间条件下,单位时间内的排量越大,产生的主裂缝和次生裂缝的缝长越大。然而裂缝缝宽随排量的变化规律较复杂:当注入排量较小(8m³/min)时,注入地层内的压裂液量较少,使得裂缝缝宽平均值较小;当注入排量很大(14m³/min)时,地层内形成了很多的次生裂缝,缝网的总缝长很大,压裂液沿缝长方向的滤失很大,造成水力压裂裂缝的缝宽支撑不充分,使得水力压裂裂缝缝宽较小,整个缝网的导流能力较差。综上所述,过小和过大的注入排量都不利于水力压裂裂缝网络的形成,适当的注入量可使地层内形成纵横交错的裂缝网络,同时裂缝缝宽值较大,使得缝网的导流能力大大增强。

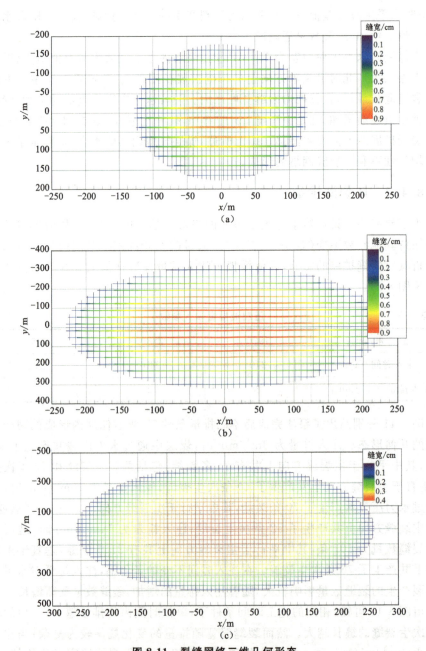

图 8-11　裂缝网络三维几何形态

(a)排量 8m³/min；(b)排量 12m³/min；(c)排量 14m³/min

8.5 本章小结

本章利用裂缝模拟软件 Meyer 对压裂水平井 H-J-1 所在的煤层区块进行了水力压裂数值模拟计算,得到不同压裂条件下的裂缝几何形态,结果表明采用压裂水平井对煤层气藏的改造效果更好。分析了主裂缝几何尺寸和裂缝数量等随施工时间的变化规律,并研究了地层和施工参数对复杂裂缝网络形态的影响。本章得到的主要结论如下:

(1)裂缝网络内,主裂缝发育最好,其缝长、缝高和缝宽均为最大值;平行于主裂缝的次生裂缝几何尺寸普遍大于垂直于主裂缝的次生裂缝几何尺寸,对缝长和峰宽的影响尤为显著;与主裂缝平行的次生裂缝,距离主裂缝的垂直距离越小,次生裂缝的几何尺寸越大;与主裂缝垂直的次生裂缝,距离井筒位置的距离越小,裂缝几何尺寸越大。

(2)水力压裂施工初期,并没有裂缝产生,在这一阶段主要在煤层内部憋起高压,为下一步的复杂裂缝网络形成提供必要条件;水力压裂中期地层内产生水力压裂裂缝,主裂缝缝长和平均缝宽随时间呈现近线性增长;水力压裂后期,主裂缝缝长和平均缝宽增长速度迅速降低。

(3)水力压裂过程中,煤层内裂缝数量并非连续增长,而是呈现跳跃式,在施工的末期达到最大值。

(4)水平主应力差值对水平井水力压裂产生的裂缝数量影响较大,随着水平主应力差值的增加,裂缝数量逐渐减少;水平主应力的非均匀性不利于裂缝网络的形成。

(5)注入排量对水平井水力压裂产生的裂缝数量影响较大,裂缝数量、主裂缝和次生裂缝的缝长随着注入排量的增加逐渐增长。然而,过小和过大的注入排量都不利于水力压裂裂缝网络的形成,适当的注入量可使地层内形成纵横交错的裂缝网络,同时形成的水力压裂裂缝缝宽较大,使得缝网的导流能力大大增强。

9 网状裂缝储层中煤层气井产能预测

9.1 引言

对煤层气藏进行压裂改造的最终目的是提高煤层气井产量,"体积改造"煤层内通常形成纵横交错的离散裂缝网络。裂缝性储层的产量很大程度上受裂缝网络区域大小控制,对压裂缝网形态的准确模拟是产能预测的前提条件。同时,在煤层气开采过程中,往往会抽排出大量煤层中的承压水,存在复杂的气-水两相渗流问题,对煤层气压裂井产量进行准确预测是评价压裂增产措施是否有效的重要依据。①

本章基于 Buckley-Leverett 两相渗流方程建立了压裂后煤层气井气-水两相渗流数学模型,编制了相应煤层气井产能预测软件,并探讨了影响水力压裂改造后煤层气井产量的主要储层和缝网参数。

9.2 网状裂缝中水-气两相流动数学模型

在煤层气的实际开发过程中,瓦斯从煤岩基质内解吸出来需要经过一段时间的排水降压,理论描述较为复杂,为了简化计算,本章建立的数学模型假定煤层气的解吸时间为零,着重对影响压裂后煤层气井产量的主要参数进行研究。

图 9-1(a)和图 9-1(b)分别为建立的网状裂缝储层模型的三维图与平面图,由图可知:(1)缝网的中心为主裂缝的中点,以该点为原点建立了三维坐标系。(2) X 轴沿着主裂缝的延伸方向,与水平最大主应力方向平行;Y 轴垂直于主裂缝的延伸方向,与水平最小主应力方向平行;Z 轴沿着井眼轴线,即平行垂向主应力。

模型内的网状裂缝可被等效为相互垂直的两组,一组垂直于 X 轴,裂缝间距为恒定值 d_x;另一组垂直于 Y 轴,裂缝间距恒定为 d_y,两组裂缝的高度均为恒定值 h,且相互平行的裂缝缝宽值相等。缝网平面轮廓可视为长轴、短轴分别为 $2a$ 和 $2b$ 的椭圆。

在煤层气开采过程中,煤层中承压水的排除会形成一定的孔隙,即煤岩处在非

---

① Jiang T T, Zhang J H, Huang G. Effects of fractures on the well production in a coalbed methane reservoir[J]. Arabian Journal of Geosciences, 2017(10):494.

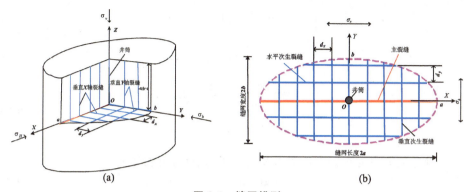

图 9-1 缝网模型

(a)三维图;(b)平面图

饱和状态,随后煤层气通过解吸作用脱离煤岩的吸附,形成自由气体。自由气体沿着煤岩微裂隙渗流到割理中,最终与地层水一起沿着较大的裂隙流入井筒中,可见煤层气从煤岩中解吸出来后移到煤层气生产井中是典型的水-气两相渗流问题。[①]

假定煤储层为非均质、各向异性体,可压缩;在生产过程中,煤储层的温度与上覆地层压力均保持不变,且煤层气和水之间不发生质量交换,忽略气体在水中的溶解。在压力梯度作用下,煤层气和水不断流入煤岩裂隙系统,将该项作为源项;将煤层气生产井作为汇项。根据两相渗流 Buckley-Leverett 方程,可得单位时间内源汇间流体流动方程为:

$$\nabla \cdot (\rho_g \nu_g) + q_g + \frac{\partial(\rho_g \phi_f S_g)}{\partial t} = 0 \tag{9-1}$$

$$\nabla \cdot (\rho_w \nu_w) + q_w + \frac{\partial(\rho_w \phi_f S_w)}{\partial t} = 0 \tag{9-2}$$

其中,

$$\phi_f = \phi(\frac{w_{fx}}{d_x} + \frac{w_{fy}}{d_y}) \tag{9-3}$$

式中:∇ 为 Hamilton 算子;q_g、q_w 分别为煤层缝网内气、水的产量,m^3/d;ρ_g、ρ_w 分别为气、水相的密度,kg/m^3;ϕ_f 为缝网的有效孔隙度;S_g、S_w 为网状裂缝中气、水相饱和度;ϕ 为煤层孔隙度;w_{fx} 为平行于 X 轴的裂缝宽度,m;w_{fy} 为平行于 Y 轴的裂缝宽度,m;d_y 为平行于 X 轴的裂缝间距离,m;d_x 为平行于 Y 轴的裂缝间距离,m。

在气-水两相渗流的条件下,考虑重力影响可以得到气相和水相运动速度为:

---

① Jiang T T, Yang X J, Yan X Z, et al. Prediction of coalbed methane well production by analytical method[J]. Research Journal of Applied Sciences, Engineering and Technology, 2012, 4(16): 2824-2830.

$$\begin{cases} v_{g,x} = -\dfrac{k_o k_{fx}}{\mu_g} \nabla(p_g - \rho_g gh) \\[2mm] v_{g,y} = -\dfrac{k_o k_{fy}}{\mu_g} \nabla(p_g - \rho_g gh) \end{cases} \tag{9-4}$$

$$\begin{cases} v_{w,x} = -\dfrac{k_o k_{fx}}{\mu_w} \nabla(p_w - \rho_w gh) \\[2mm] v_{w,y} = -\dfrac{k_o k_{fy}}{\mu_w} \nabla(p_w - \rho_w gh) \end{cases} \tag{9-5}$$

裂缝导流能力为裂缝渗透率与裂缝宽度的乘积,可表达为:

$$KW_{fx} = k_{fx} w_{fx} \tag{9-6}$$

$$KW_{fy} = k_{fy} w_{fy} \tag{9-7}$$

其中,

$$k_{fx} = \frac{k_o w_{fx}}{\mathrm{d}y}; k_{fy} = \frac{k_o w_{fy}}{\mathrm{d}x}$$

式中:k_o 为初始状态下的煤层渗透率,mD;g 为重力加速度,m/s²;h 为煤层厚度,m;μ_g、μ_w 为缝网内气相与水相的黏度,mPa·s;k_{fx}、k_{fy} 分别为平行于 X 轴与 Y 轴方向上裂缝渗透率,mD;p_g、p_w 为缝网系统中气相、水相绝对压力,MPa;KW_{fx} 为平行于 X 轴裂缝的导流能力,mD·m;KW_{fy} 为平行于 Y 轴裂缝的导流能力,mD·m。

分别将气相与水相运动方程式(9-4)和式(9-5)代入式(9-1)和式(9-2),可得非饱和煤岩中气-水两相流动微分方程:

$$\frac{\partial}{\partial x}\left[\frac{\rho_g k_{o,x} k_{fx,x}}{\mu_g}\frac{\partial}{\partial x}(p_g - \rho_g gh)\right] + \frac{\partial}{\partial y}\left[\frac{\rho_g k_{o,y} k_{fx,y}}{\mu_g}\frac{\partial}{\partial y}(p_g - \rho_g gh)\right] +$$
$$\frac{\partial}{\partial z}\left[\frac{\rho_g k_{o,z} k_{fx,z}}{\mu_g}\frac{\partial}{\partial z}(p_g - \rho_g gh)\right] - q_g - \frac{\partial(\rho_g \phi_f S_g)}{\partial t} = 0 \tag{9-8}$$

$$\frac{\partial}{\partial x}\left[\frac{\rho_w k_{o,x} k_{fx,x}}{\mu_w}\frac{\partial}{\partial x}(p_w - \rho_w gh)\right] + \frac{\partial}{\partial y}\left[\frac{\rho_w k_{o,y} k_{fx,y}}{\mu_w}\frac{\partial}{\partial y}(p_w - \rho_w gH)\right] +$$
$$\frac{\partial}{\partial z}\left[\frac{\rho_w k_{o,z} k_{fx,z}}{\mu_w}\frac{\partial}{\partial z}(p_w - \rho_w gH)\right] - q_w - \frac{\partial(\rho_w \phi_f S_w)}{\partial t} = 0 \tag{9-9}$$

式(9-8)和式(9-9)即为基于 Buckley-Leverett 方程的煤层气-水两相渗流方程,该方程组为隐式方程,需要采用数值方法进行求解。本书在求解过程中采用经典的 Galerkin 八节点有限元法,同时引入了交替方向隐式差分法以提高求解速度和精度。[①] 针对具体煤层气井产量求解还需要辅助相应的初始和边界条件方程。

---

① Allaneau Y,Jameson A. Connections between the filtered discontinuous Galerkin method and the flux reconstruction approach to high order discretizations[J]. Computer Methods in Applied Mechanics and Engineering,2011,200(49):3628-3636.

9.2.1 初始条件与辅助方程

煤层气开发的初始时刻,煤层中承压水压力、含水饱和度和煤层气浓度为:

$$p\Big|_{t=0}=p_0 \tag{9-10}$$

$$\begin{cases} S_w\Big|_{t=0}=S_{w0} \\ S_g+S_w=1 \end{cases} \tag{9-11}$$

$$C\Big|_{t=0}=C_{g0}=\frac{p_0\phi M}{p_g TZR}+\frac{p_0\rho_c V_L}{p_0+P_L} \tag{9-12}$$

式中:p_0 为煤岩裂隙系统的初始压力,MPa;S_{w0} 为裂隙系统中的初始含水饱和度;S_g 为裂隙系统中的含气饱和度;C_{g0} 为初始煤层气浓度,kg/m³;M 为理想气体摩尔质量,kg/mol;T 为煤层温度,K;Z 为气体压缩系数;R 为气体常数,J/(mol·K);ρ_c 为煤岩密度,kg/m³;V_L 为兰氏体积,m³/kg;P_L 为兰氏压力,MPa;p_c 为裂隙系统气、水毛管压力,MPa。

9.2.2 边界条件

1. 外边界条件

定压外边界条件通常被称为第一类边界条件,已知外边界 Ξ1 上任意一点在任意时刻的压力分布,可表示为:

$$P(x,y,z,t)\Big|_{\Xi 1}=P_a(x,y.z,t)(t>0) \tag{9-13}$$

定流量边界条件被称为第二类边界条件,认为该边界为封闭边界,在此边界 Ξ2 上无流体通过,表达式为:

$$\frac{\partial p(x,y,z,t)}{\partial n}\Big|_{\Xi 2}=0(t<0) \tag{9-14}$$

$$C\Big|_{R=R_c}=\frac{p_f\phi M}{\rho_g TZR}+\frac{p_f V_L\rho_c}{p_f+P_L} \tag{9-15}$$

式中:$P_a(x,y,z,t)$ 为已知压力函数;$\dfrac{\partial p}{\partial n}\Big|_{\Xi 2}$ 为边界上压力关于边界外法向的导数;p_f 为初始煤层压力,MPa;R_c 为基质半径,m。

在对实际煤层气井进行产能预测时,开采初期可以采用定压边界条件,在开采中后期可以采用定流量边界条件。

2. 内边界条件

当煤层气井眼直径和长度等参数确定后,可认为井筒中流动压力为定值,则有:

$$P(0,0,0,t)=P_u(R_z,R_l)(t>0) \tag{9-16}$$

$$C\Big|_{\substack{x=0\\y=0\\z=0}} = \frac{P_u(R_z, R_l)M}{\rho_f TZR} \tag{9-17}$$

式中：P_u 为井眼内流动压力，MPa；R_z 为井眼半径，m；R_l 为井眼长度，m。

9.3 煤层气井缝网产能预测软件的开发

基于以上数学模型，以 Windows 为开发平台，采用 VB 计算机语言编制了"煤层气井缝网产能预测软件"（CBM MCPS）。本软件充分利用目前流行的面向对象的编程理论，采用动态数据交换与动态链接库等技术，使软件达到了易于理解、便于操作的目的。软件的整体设计思路旨在增强软件的操作性与实用性，最大限度将软件与使用者沟通起来。结合本书的主要内容与现场实际需求，软件的设计结构框图见图 9-2。

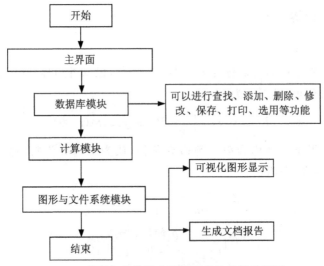

图 9-2 煤层气井缝网产能预测软件的结构框图

软件设计过程中建立了人机友好的交互界面，其外观均采用标准的 Windows 风格，本着操作简单、功能齐全的原则，快捷键、工具栏一目了然，使用方便。根据计算需要，软件包含 3 类模块：数据库模块、计算模块和图形与文件系统模块，各类模块中又包含多个子模块，通过对这些模块的调用完成设计计算工作，从而使软件结构简明、清晰、可读性好，便于维护与扩展。[①]

---

① 姜婷婷，杨秀娟，闫相祯. 非均质油藏水平井分段注水优化软件的开发[J]，石油机械，2012，40(7)，70-75.

为了方便软件操作者的使用,软件分别建立了与 Access 数据库、Word 文档与 Excel 表格间的通信。通过建立软件与 Access 数据库间的通信,可以将煤岩力学参数、地应力参数、裂缝与压裂参数放入同一个数据库内,在后期计算过程中所用到的相关数据可以直接从 Access 数据库中调用;各个模块内的计算方法均可做成 Word 文档,方便用户查看计算方法并验证其正确性;可将结果数据列入 Excel 表格中方便用户对数据进行查看与修改。

1. 数据库模块

本软件以数据库为基础,软件各部分之间通过数据库相互连接,并可根据用户需要自行扩展数据库,最大限度地降低用户重复输入的烦恼。用户可直接对数据库进行必要的调用、修改、添加、查找与删除等操作。同时,软件还开发了结果文件数据库,可将用户输入的数据资料及程序计算分析得出的结果文件存入该库中,便于用户查阅、分析,避免了用户的重复性劳动,图 9-3 为数据库操作界面。

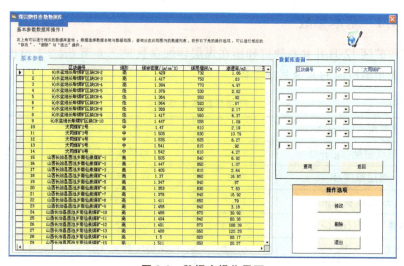

图 9-3　数据库操作界面

2. 计算模块

煤层气井产能预测模块为该软件的核心部分,数据库内的数据资料是煤层气产量计算分析的基础,它直接影响产量随着时间的分布规律。本软件以直观的方式绘制了煤层气井产量波动图,为产量敏感性研究提供宝贵的数据参考。软件根据常用数值对许多输入参数进行默认设置或提供选择列表,避免用户的重复性劳动。

3. 图形与文件系统模块

本软件有强大的图形与文件处理系统,可以直接将原始数据与计算结果保存入数据库中或以数据表格的形式输出,方便用户查找、修改;依据计算出的数据可绘制可视化图形,并可将计算数据结果等直接生成报告文档,方便用户储存或打印。

本软件可将计算过程中大部分烦琐的计算工作进行计算机程序化,降低了相关人员的劳动强度,提高了工作效率,有效地减少了人为失误,可以改善计算的准确性和方案的经济性。其结构特征主要有以下两点:

(1)本软件所有菜单界面均采用中文操作界面,风格为标准 Windows 风格,各功能模块均采用窗口加按钮操作方式,人机交互界面友好。

(2)本软件以数据库为基础,软件各部分之间通过数据库相互连接。用户可根据需要直接对数据库进行必要的修改、添加、查找与删除等操作。同时,用户可将输入的数据资料及程序计算分析所得的结果文件从库中调取出来,便于用户查阅、分析,并进行打印等操作。

9.4 算例分析及结果讨论

9.4.1 基本参数

焦作矿区 JZ-B 井井身轨迹和所在煤层详细参数见 7.3 节,表 9-1 给出了煤层气井产能预测所需的其他基本参数。

表 9-1 产能预测基本参数

水密度/(kg/m³)	1000	煤密度/(kg/m³)	1450
煤层气密度/(g/m³)	1.28	储层压力/MPa	13.25
煤层温度/K	310	煤层气浓度/%	45.8
Langmuir 体积/(m³/t)	44.7	含水饱和度	0.61
气体常数/[J/(mol·K)]	8.314	Langmuir 压力/MPa	4.03
水黏度/(mPa·s)	0.52	煤层气黏度/(mPa·s)	0.0106
基质半径/m	0.22	井底流压/MPa	1.0
生产时间/d	300		

9.4.2 结果分析

以焦作矿区压裂井 JZ-B 及所在区块为研究对象,利用建立的数值计算程序进行煤层缝网产能预测,图 9-4 为压裂后煤层气井产量随施工时间的变化曲线。

图 9-4 中煤层气井日产气量随着施工时间的增长逐渐降低,累计产气量约为 $2.178 \times 10^5 \text{m}^3$,计算所得主裂缝导流能力 170mD·m,裂缝间距 d_x、d_y 分别为 13.64m 和 10.9m。

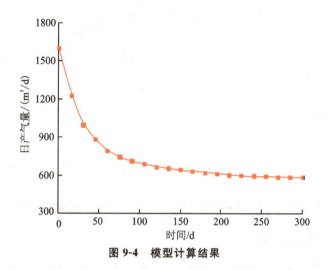

图 9-4　模型计算结果

9.5　压裂后煤层气井产量的影响因素分析

在煤层气开发过程中,影响产气量的因素很多,本书主要研究储层与缝网参数对压裂后煤层气井产量的影响,分别获得煤层气井日产气量与累计产气量随生产时间的变化曲线,模拟时间仍为 300 天。

9.5.1　煤层渗透率

图 9-5 和图 9-6 分别给出了不同煤层渗透率条件下,煤层气井日产气量和累计产气量随生产时间的变化曲线。由图可知:压裂井的日产气量和累计产气量随着煤层渗透率的增加而增长,说明采用体积压裂技术对煤层进行压裂改造是提高煤层气开采速率和增加煤层气井总产量的有效措施。然而当煤层渗透率增加到一定程度后,产气量的增长幅度大幅减低。

图 9-5 中,煤层气抽采初期产气量最大,之后产气量迅速降低,随着抽采时间的推移产气量逐渐趋于稳定。随着煤层渗透率的增加,日产气量趋于稳定所需的时间逐渐增长。例如,当储层渗透率为 0.5mD 时,煤层气井日产量趋于稳定所需要的时间约为 150d,而煤层渗透率为 4mD 时则需要约 210d。

由图 9-6 可知,压裂井累计产气量随着渗透率的增加明显提高,但增长速度逐渐降低。主要是由于渗透性好的储层排水降压效果更为显著,从而扩大了煤层的解吸面积,提高了煤层产气量。但当煤层渗透率增加到一定程度后,产气量主要受缝网向主裂缝的供气能力和主裂缝向井筒的排气能力所控制,因此煤层渗透率对产气量的影响减弱。

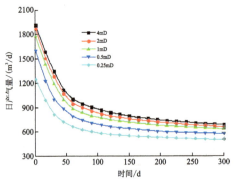 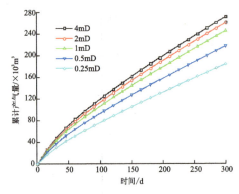

图 9-5　不同煤层渗透率时日产气量变化曲线　图 9-6　不同煤层渗透率时累计产气量变化曲线

9.5.2　基质半径

煤岩基质是煤层气主要的赋存场所,为研究基质半径对煤层气井产量的影响,对基质半径分别为 0.05m、0.1m、0.2m、0.4m 和 0.8m 的煤层气井日产气量和累计产气量进行了研究,其变化曲线分别见图 9-7 和图 9-8。由图 9-7 可知,煤岩基质对煤层气的日产气量影响较大,当煤岩基质半径较小时,日产气量随基质半径的增加而增大,当煤岩基质增加到一定程度,其对稳定后的煤层气产量影响较小,但仍对初始产气量影响较大。

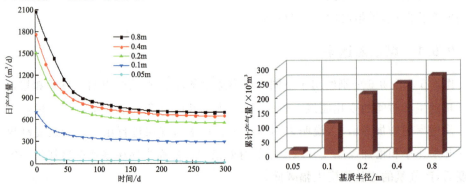

图 9-7　不同基质半径时日产气量变化曲线　图 9-8　不同基质半径时煤层气井累计产气量

由图 9-8 可知,当基质半径为 0.05m 时,开采 300 天后的煤层气累计产气量仅为 $1.28 \times 10^4 \mathrm{m}^3$;当基质半径提高 8 倍,即基质半径为 0.4m 时,开采 300 天后的煤层气累计产气量为 $2.399 \times 10^5 \mathrm{m}^3$,总产值为前者的 18.74 倍,说明适当地增加基质半径可以显著提高煤层气井日产气量和累计产气量,提高煤层气井的经济效益。但当基质半径增加到一定程度后,产气量主要受缝网向主裂缝的供气能力和主裂缝向井筒的排气能力所控制。

9.5.3　煤层厚度

为研究煤层厚度对煤层气井产量的影响,对煤层厚度分别为 4m、6m、8m、10m

和 12m 的煤层气井日产气量和累计产气量进行了研究,其变化曲线分别见图 9-9 和图 9-10。

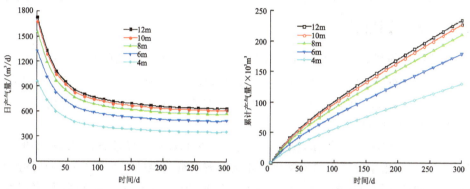

图 9-9　不同煤层厚度时日产气量变化曲线　图 9-10　不同煤层厚度时煤层气井累计产气量

由图 9-9 和图 9-10 可知:煤层气井日产气量与累计产气量随着煤层厚度的增加而增大,随着抽采时间的增加,煤层气井日产气量和累计产气量增长速度逐渐降低,说明储层厚度对提高产量的影响有限。这是由于当煤层厚度增加到一定程度后,产气量受储层供气能力的影响减弱,主要受缝网向主裂缝的供气能力和主裂缝向井筒的排气能力所控制。

9.5.4　主裂缝导流能力

保持其他参数不变,当主裂缝导流能力分别为 50mD·m、100mD·m、200mD·m、300mD·m 和 400mD·m 时,研究主裂缝导流能力对煤层气井产量的影响,煤层气井日产气量和累计产气量变化曲线分别见图 9-11 和图 9-12。

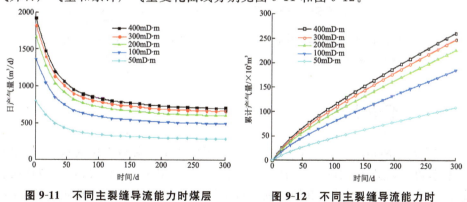

图 9-11　不同主裂缝导流能力时煤层　　图 9-12　不同主裂缝导流能力时
**　　　气井日产气量变化曲线　　　　　　　　煤层气井累计产气量**

由图 9-11 和图 9-12 可知:煤层气井日产气量与累计产气量随主裂缝导流能力的增加而增长,这是由于压裂缝网有效地缩短了基质向裂缝的供气距离,增加了供气能力,使得煤层气产量有较大提升。当主裂缝导流能力大于 200mD·m 后,煤层气井产气量增长幅度下降较快,这是由于当主裂缝导流能力增加到一定程度后,主裂缝向压裂井的排气能力已经不是影响产气量的控制因素,这时产气量主要受基质供气能力和缝网向主裂缝的排气能力控制。

9.5.5　裂缝间距

本节讨论的裂缝间距为平行于主裂缝的次生裂缝间的距离(即 d_y),为研究 d_y 对煤层气井产量的影响,保持缝网参数 d_x 及其他基本参数不变,当裂缝间距 d_y 分别为 5m、10m、20m、30m 和 50m 时,煤层气井日产气量和累计产气量变化曲线分别见图 9-13 和图 9-14。

由图 9-13 和图 9-14 可知,煤层气井日产气量和累计产气量随着裂缝间距的减小而增大,这是由于基质向缝网的供气距离随着裂缝间距的减小而缩短,同时缝网向主裂缝的排气能力增强。但当裂缝间距达到 20m 后,再缩短裂缝间距,煤层气产量的增加幅度迅速下降,造成这种现象的原因为:当裂缝间距减小到一定程度后,基质供气能力与缝网排气能力不再是主控因素,此时压裂井产气量主要受主裂缝向井筒的排气能力控制。

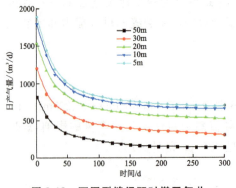

图 9-13　不同裂缝间距时煤层气井
　　　　　日产气量变化曲线

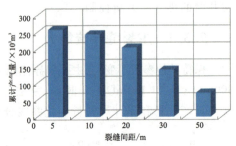

图 9-14　不同裂缝间距时煤层气
　　　　　井累计产气量

9.6　本章小结

本章基于两相渗流 Buckley-Leverett 方程建立了压裂后煤层的水-气两相渗流模型,得到煤层气井日产气和产水量计算模型,采用 VB 计算机语言编制"煤层气井缝网产能预测软件"。利用该软件对焦作 JZ-B 压裂井进行产能预测,并探讨了影响煤层气井产量的主要储层参数和缝网参数,得到的主要结论如下:

(1)煤层渗透率、基质半径和煤层厚度对煤层气压裂井产量的影响较大。当储层参数增加到一定程度后,产量不再随储层参数的增大而增加,这是由于随着储层参数的增加,产气量受储层供气能力的影响减弱,此时产量主要受缝网向主裂缝的供气能力和主裂缝向井筒的排气能力控制。

（2）缝网参数（主裂缝导流能力和裂缝间距）对煤层气压裂井产量的影响也较为显著，随着缝网参数不断增大，其对产量影响程度逐渐降低。随着主裂缝导流能力的增加，主裂缝向压裂井的排气能力增加，产量提升；当主裂缝导流能力增加到一定程度后，产量增长幅度迅速降低，此时产量主要受基质供气能力和缝网向主裂缝的排气能力控制。

（3）煤层气井产量随着裂缝间距的减小而增大，这是由于减小裂缝间距缩短了基质向缝网的供气距离，且缝网向主裂缝的排气能力增强。当裂缝间距达到 20m 后，再缩短裂缝间距，产量的增加幅度迅速下降，这是由于：当裂缝间距减小到一定程度后，基质供气能力与缝网排气能力不再是主控因素，此时压裂井产量主要受主裂缝向井筒的排气能力控制。

（4）为了提高焦作 JZ-B 井压裂施工作业的效率，针对该压裂井提出以下建议：主裂缝导流能力不超过 200mD·m，裂缝间距为 20～30m。

10 煤层气羽状水平井近井渗流与
井筒入流剖面规律研究

10.1 引言

随着我国煤层气需求量迅速增长,提高煤层气井单井产量成为急需解决的问题。煤层气羽状水平井是在常规水平井与分支井基础上发展起来的一种新井型,采用多分支技术能够增加主井筒的控制面积,大范围地沟通煤层裂隙与孔隙系统,开采常规井难以开采的低渗透煤层气储层,提高单井产量与采收率。[①] 然而在煤层气羽状水平井开采过程中,由于其井身结构复杂,分支参数的变化会对煤层中势的分布产生影响,从而影响煤层的渗流特征。同时,羽状水平井在生产过程中,分支对主支以及分支与分支之间会相互影响,存在流入的相互竞争,因此正确反映煤层气羽状水平井的剖面入流动态是准确预测其产量的重要依据。

本章基于势叠加原理建立了无限大地层羽状水平井渗流模型,结合微元线汇思想,考虑主井筒与分支井筒生产段沿程流动压降,形成煤层气羽状水平井多段流动耦合模型,采用有限差分法对其进行求解并编制相应计算程序,分析了煤层气羽状水平井近井流场与沿程单位长度产量的分布规律。同时,以沁水盆地某煤层气羽状水平井为例分析了渗流与入流剖面分布规律,研究了分支对称性、分支同异侧分布、分支位置、分支长度、分支与主井筒夹角、分支数量等参数对煤层气羽状水平井渗流场分布形态、主井筒与分支井筒入流剖面规律的影响。

10.2 无限大地层煤层气羽状水平井渗流模型

为了准确描述羽状水平井在三维空间内的分布,图 10-1 建立了空间三维坐标系,坐标原点 O 为井筒最大垂深,羽状水平井主井筒跟端坐标为 $A(x_a, y_a, z_a)$。假定羽状水平井具有 T 个分支,主支与分支均由若干个微元段组成;主井筒长为 L_z,将主井筒沿跟端至指端分成 n 个微元段,各微元井段长度为 $\Delta x_i = \Delta x_z = L_z/n (1 \leqslant i \leqslant n)$;第 j 分支井筒长度为 L_j,将其跟端至指端分为 m_j 段,第 k 微元段的长度为

---

① 姜婷婷,杨秀娟,闫相祯,等.分支参数对煤层气羽状水平井产量的影响规律研究[J].煤炭学报,2013,38(4):617-623.

$\Delta x_{j,k} = \Delta x_j = L_j / m_j (1 \leqslant j \leqslant T, 1 \leqslant k \leqslant m_j)$；第 j 分支井筒与主井筒的夹角为 $\theta_{j,z}$。

　　对于开发同一煤储层的羽状水平井，有以下假设：(1)主井筒与分支井筒处于同一套压力系统，两者之间的势相互干扰；(2)煤层非均质，具有各向异性；(3)分支井筒与主井筒间的夹角恒定；(4)考虑主井筒与分支井筒内的流体沿程压降。[①]

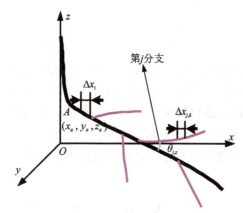

图 10-1　煤层气羽状水平井三维井筒轨迹空间分布图

　　根据势叠加原理[②]，羽状水平井主井筒单独生产时在无限大地层中任意一点 $W(x,y,z)$ 所产生的势为：

$$\Phi_z(x,y,z) = -\frac{1}{4\pi\Delta x_z} \cdot \sum_{i=1}^{n}\left(Q_{Ri} \cdot \ln \frac{R_{1z,i} + R_{2z,j} + \Delta x_z}{R_{1z,i} + R_{2z,j} - \Delta x_z}\right) + C \qquad (10\text{-}1)$$

其中：

$$R_{1z,i} = \sqrt{\begin{array}{l}\left[x_a + \Delta x_z \cdot \displaystyle\sum_{f=1}^{i-1}(\sin\varphi_{z,f}\cos\alpha_{z,f}) - x\right]^2 + \\[2mm] \left[y_a + \Delta x_z \cdot \displaystyle\sum_{f=1}^{i-1}(\sin\varphi_{z,f}\sin\alpha_{z,f}) - y\right]^2 + \\[2mm] \left(z_a + \Delta x_z \cdot \displaystyle\sum_{f=1}^{i-1}\cos\varphi_{z,f} - z\right)^2\end{array}}$$

　　① Jiang Tingting, Yang Xiujuan, Yan Xiangzhen, et al. Numerical simulation of coalbed methane seepage in pinnate horizontal well based on multi-flow coupling model[J]. Research Journal of Applied Sciences, Engineering and Technology, 2012, 4(16): 2881-2889.

　　② Jiang Tingting, Yang Xiujuan, Yan Xiangzhen, et al. A study on numerical simulation of CBM pinnate horizontal well for near-wellbore seepage[J]. Research Journal of Applied Sciences, Engineering and Technology, 2012, 4(22): 4791-4797.

$$R_{2z,i} = \sqrt{\begin{aligned} &\left\{ x_a + \Delta x_z \cdot \left[\sum_{f=1}^{i-1} (\sin\varphi_{z,f}\cos\alpha_{z,f}) + \sin\varphi_{z,i}\cos\alpha_{z,i} \right] - x \right\}^2 + \\ &\left\{ y_a + \Delta x_z \cdot \left[\sum_{f=1}^{i-1} (\sin\varphi_{z,f}\sin\alpha_{z,f}) + \sin\varphi_{z,i}\sin\alpha_{z,i} \right] - y \right\}^2 + \\ &\left[z_a + \Delta x_z \cdot \left(\sum_{f=1}^{i-1} \cos\varphi_{z,f} + \cos\varphi_{z,i} \right) - z \right]^2 \end{aligned}}$$

式中：Q_{Ri} 为主井筒生产段由煤层流入第 i 微元井段的流量，$Q_{Ri}=q_{gi}+q_{ui}$，$\mathrm{m^3/d}$，其中，q_{gi} 为主井筒生产段由煤层流入第 i 微元井段的气体流量，q_{ui} 为主井筒生产段由煤层流入第 i 微元井段的液体流量；$\varphi_{z,i}$ 为主井筒第 i 微元段井斜角，$(°)$；$\alpha_{z,i}$ 为主井筒第 i 微元段方位角，$(°)$；C 为待定常数，MPa。

羽状水平井第 j 分支井筒单独生产时在无限大地层中任意一点 $W(x,y,z)$ 产生的势为：

$$\Phi_j(x,y,z) = -\frac{1}{4\pi\Delta x_j} \cdot \sum_{k=1}^{L_j} \left(Q_{Rj,k} \cdot \ln\frac{R_{1j,k}+R_{2j,k}+\Delta x_j}{R_{1j,k}+R_{2j,k}-\Delta x_j} \right) + C \quad (10\text{-}2)$$

式中：$R_{1j,k}$、$R_{2j,k}$ 表达式与 $R_{1z,i}$、$R_{2z,i}$ 相类似。

当主井筒与分支井筒同时生产时，无限大地层中任意点 $W(x,y,z)$ 的势为：

$$\begin{aligned} \Phi(x,y,z) &= \Phi_z(x,y,z) + \sum_{j=1}^{T}\Phi_j(x,y,z) \\ &= -\frac{1}{4\pi\Delta x_z}\sum_{i=1}^{n}\left(Q_{Ri} \cdot \ln\frac{R_{1z,i}+R_{2z,i}+\Delta x_z}{R_{1z,i}+R_{2z,i}-\Delta x_z} \right) - \\ &\quad \sum_{j=1}^{T}\left[\frac{1}{4\pi\Delta x_j}\sum_{k=1}^{L_j}\left(Q_{Rj,k} \cdot \ln\frac{R_{1j,k}+R_{2j,k}+\Delta x_j}{R_{1j,k}+R_{2j,k}-\Delta x_j} \right) \right] + C \end{aligned} \quad (10\text{-}3)$$

10.3　煤层气羽状水平井沿程流动分析模型

10.3.1　主井筒沿程流动分析模型

井段内无分支情况下，主井筒生产段变质量流压降模型为：

$$\Delta p_{f,i} = \frac{\rho_i f_i \Delta x_i (2Q_i + Q_{Ri})^2}{1.6\pi D^5} + \frac{2\rho_i g Q_{Ri}(2Q_i + Q_{Ri})}{\pi^2 D^4} \quad (10\text{-}4)$$

井段内有分支情况下，主井筒生产段变质量流压降模型为：

$$\Delta p_{f,i} = \frac{\rho_i f_i \Delta x_i (2Q_i + Q_{Ri} + Q_{Hi})^2}{1.6\pi D^5} + \frac{0.5\rho_i \sin\theta_{j,z}(Q_i + Q_{Ri} + Q_{Hi})^2}{\pi^2 D^4} + \qquad (10\text{-}5)$$

$$\frac{\rho_i g \cos\theta_{j,z}(Q_{Ri} + Q_{Hi})(2Q_i + Q_{Ri} + Q_{Hi})}{\pi^2 D^4}$$

式中，$\Delta p_{f,i}$ 为主井筒生产段第 i 微元段压降，MPa；ρ_i 为主井筒第 i 微元段内混合流体密度，kg/m^3；f_i 为主井筒第 i 微元段内流体与管壁间的摩擦系数；D 为主井筒直径，m；Q_i 为由主支井段相邻上游流入第 i 微元段的流量，m^3/d；Q_{Hi} 为由第 i 微元井段内分支流入主支的流量，m^3/d；g 为重力加速度，m/s^2。

10.3.2 分支井筒沿程流动分析模型

羽状水平井第 j 分支生产段变质量流压降模型为：

$$\Delta p_{fj,k} = \frac{\rho_{j,k} f_{j,k} \Delta x_{j,k} (2Q_{j,k} + Q_{Rj,k})^2}{1.6\pi d_j^5} + \frac{2\rho_{j,k} g Q_{Rj,k} \sin\theta_{j,z} (2Q_{j,k} + Q_{Rj,k})}{\pi^2 d_j^4} \quad (10\text{-}6)$$

式中，$\Delta p_{fj,k}$ 为分支第 j 微元段的压降，MPa；$\rho_{j,k}$ 为第 j 分支第 k 微元段内的混合流体密度，kg/m^3；$f_{j,k}$ 为第 j 分支第 k 微元段流体与管壁间的摩擦系数；d_j 为第 j 分支井筒直径，m；$Q_{j,k}$ 为由第 j 分支第 k 微元段相邻上游流入该井段的流量，m^3/d；$Q_{Rj,k}$ 为由煤层流入第 j 分支第 k 微元井段的流量，$Q_{Rj,k} = q_{gj,k} + q_{wj,k}$，$m^3/d$。

10.4 煤层气羽状水平井多段流动耦合模型

羽状水平井生产段主井筒各微元段沿程流量为流入该井段的上游所有主支与分支流量之和：

$$Q_i = \sum_{l=i+1}^{n} Q_{Rl} + \sum_{j=w+1}^{T} \sum_{k=1}^{m_j} Q_{Rj,k} \quad (10\text{-}7)$$

式中，w 为主井筒第 i 微元井段至跟端范围内分支井的数量。

羽状水平井生产段主井筒沿程流压满足以下关系式：

$$p_{f,i} = p_{f,i-1} + 0.5(\Delta p_{f,i} + \Delta p_{f,i-1}) \quad (10\text{-}8)$$

羽状水平井第 j 分支生产段沿程流量为该微元井段上游所有井段的入流量之和：

$$Q_{j,k} = \sum_{a=k+1}^{m_j} Q_{Rj,a} \quad (10\text{-}9)$$

羽状水平井第 j 分支生产段沿程流压满足以下关系式：

$$p_{fj,k} = p_{fj,k-1} + 0.5(\Delta p_{fj,k} + \Delta p_{fj,k-1}) \quad (10\text{-}10)$$

煤层气羽状水平井在开采过程中，由于压力连续原理，储层内流体流动在井壁的压力等于井筒内流体流动在井壁处的压力，即可耦合煤层气羽状水平井渗流与井筒内流体沿程流动模型。

10.5 模型验证

利用有限差分法对上述模型进行求解,并采用C++计算机语言编制了相应计算程序。为了验证本书计算模型的正确性和精度,对沁水盆地ZD1煤层气羽状水平井产能进行了模拟计算,并与现场监测值进行了对比。ZD1井主井筒长为600m,两个分支井筒长均为200m,与主井筒夹角为30°;两分支位于主井筒的两侧,分支节点1、2分别距主井筒跟端200m与400m,详细的井身参数见图10-2。表10-1给出了模拟计算中用到的基本参数。

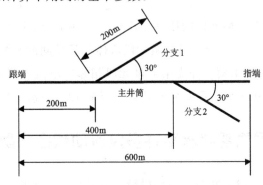

图 10-2 ZD1 井结构示意图

表 10-1   **基本参数**

煤层厚度/m	5.7	煤层压力/MPa	4.2
井底压力/MPa	1	煤层渗透率/mD	1.2
煤层孔隙度/%	3.5	兰氏体积/(m³/t)	38.63
兰氏压力/MPa	3.24	主井筒半径/m	0.12
分支井筒半径/m	0.12	模拟时间/d	600

图10-3给出了数值模拟计算结果与现场监测值间的对比图,可知本书模型的计算结果与监测值吻合较好,平均误差为6%左右,可以满足工程计算精度要求。

10.6 分支参数影响分析

为了得到分支对称性、分支同异侧分布、分支位置、分支长度、分支夹角与分支数量对煤层气羽状水平井近井压力场分布、主井筒与分支井筒单位长度入流量的影响规律,本节对上述参数分别进行了模拟计算。本节在模拟计算中仍以ZD1井(图10-2)的实际参数为依据,说明分支参数对羽状水平井渗流场与单位长度产量

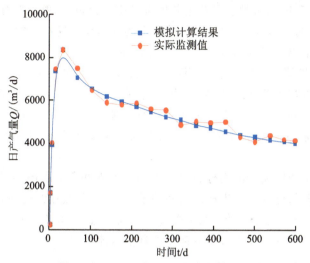

图 10-3　煤层气羽状水平井日产气量曲线图

的影响。

　　煤层气羽状水平井 ZD1 的有限元网格划分如图 10-4 所示,共包括 325 个节点与 288 个单元。

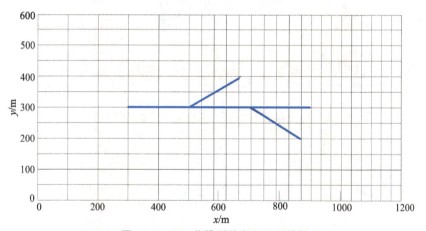

图 10-4　ZD1 井模型的有限元网格图

　　图 10-5(a)为煤层气羽状水平井 ZD1 近井的等压线分布图。由于两分支的存在,使得羽状水平井等压线的分布呈现如下特征:在远离羽状水平井的区域,等压线的分布呈现较为规则的椭圆状;越靠近水平井,等压线形状变化越剧烈。由于两分支井筒的位置不同,使得分支井筒附近的等压线形状也大不相同。在分支井筒 1 的外侧区域,等压线向分支井筒弯曲,在井筒指端等压线弯曲最严重;在分支井筒 1 与主井筒所夹的内侧区域,等压线逐渐向交汇点弯曲。分支井筒 2 位于主井筒的另一侧,在分支井筒 2 与主井筒的外侧与内侧区域,变化规律与分支井筒 1 大

体相同。图 10-5(b)为常规水平井近井地带等压线分布图,由于没有分支井筒的干扰,常规水平井的等压线形状规则,近井地带的等压线呈现扁长的椭圆形。近井附近等压线分布密集,越远离井筒等压线分布越稀疏。

图 10-6 为煤层气羽状水平井 ZD1 沿主井筒单位长度径向入流量曲线图。入流量最大值出现在主井筒跟端,其次为指端,中间水平段流体径向入流量较小;在靠近分支节点 1 的井筒汇流点处入流量出现了明显的降低,在分支节点 2 附近再次出现流量下降,虽然在分支节点 2 之后入流量逐渐提高,但指端入流量仍然大幅低于跟端。

分支井筒生产段流量沿程分布完全不同于主支井段。由图 10-7 可以看出,由于主井筒生产段与分支井筒生产段之间的干扰,分支井跟端的径向入流量最低,生产段中间的径向流量逐渐增加,在指端流量达到峰值,且远离主井筒跟端的分支井筒 2 的峰值入流量远远大于分支井筒 1 的峰值入流量。

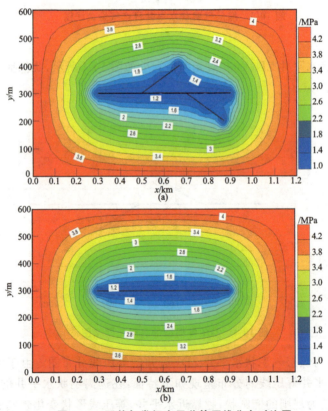

图 10-5　羽状与常规水平井等压线分布对比图

(a)ZD1 羽状水平井近井地带等压线分布图;

(b)常规水平井近井地带等压线分布图

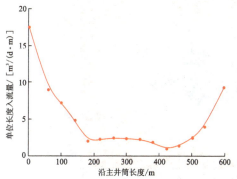

图 10-6　ZD1 羽状水平井主井筒入流剖面

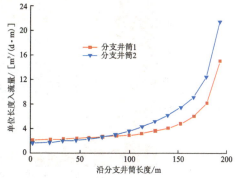

图 10-7　ZD1 羽状水平井分支井筒入流剖面

10.6.1　分支对称性

当两分支井筒对称分布于主井筒两侧时，详细的井身结构示意图见图 10-8（分支节点位于主井筒中间，即距主井筒跟端 300m）。

煤层气羽状水平井两分支井筒对称与非对称分布时的近井地带等压线分布如图 10-9 所示。远离井筒的等压线分布基本呈椭圆状，越靠近井筒，等压线分布越密集且形态越接近"左

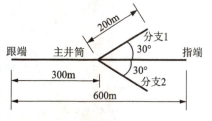

图 10-8　分支对称时井身结构示意图

小右大的瓜子形"；在分支井筒与主井筒交汇的区域附近，等压线凹向该交汇点，等压线以主井筒为对称轴呈现对称性。当两分支井筒非对称分布于主井筒两侧时，靠近井筒附近的等压线形态近似为不规则的"四边形"。

分支对称分布和非对称分布对羽状水平井主支与分支单位长度径向入流量的影响如图 10-10 所示。由计算结果可知，主井筒单位长度入流量最大值出现在跟端，其次为指端，中间水平段单位长度产能较小。当分支非对称分布时，主井筒单位长度入流量在分支位置处均出现了降低，而两分支对称分布时主井筒单位长度入流量在分支位置处显著降低，最小值基本接近于零［图 10-10（a）］。说明分支对称分布时，不利于分支附近主井筒的利用效率，降低了羽状水平井控制区域的煤层气抽采速率和采收率。因此，不建议分支按照对称方式分布。

由图 10-10（b）可以看出，由于受到主井筒的干扰，分支井筒跟端的单位长度入流量最低，中间段入流量逐渐增加，在指端流量达到峰值。无论分支井筒对称或非对称分布，分支井单位长度入流量分布规律大体相同，且分支点越远离主井筒跟端，单位长度入流量越大。两分支井筒对称分布时，其径向入流剖面大体相同。

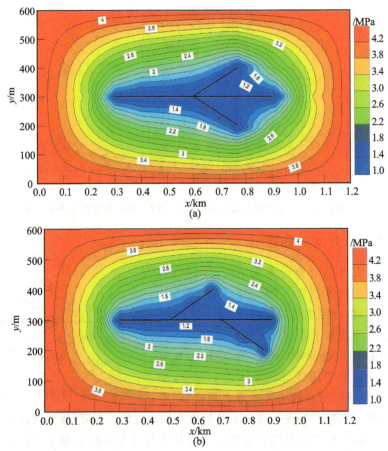

图 10-9　分支对称性对煤层气羽状水平井近井等压线分布的影响

(a)分支对称时羽状水平井近井地带等压线分布图；

(b)分支非对称时羽状水平井近井地带等压线分布图

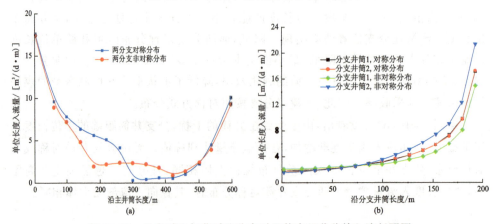

图 10-10　分支对称与非对称分布时羽状水平井井筒入流剖面图

(a)主井筒；(b)分支井筒

10.6.2　同异侧分布

分支异侧分布时的羽状水平井基本参数见图 10-2,分支同侧分布时的井身结构见图 10-11。

煤层气羽状水平井两分支井筒同侧与异侧分布时的近井地带等压线分布如图 10-12 所示。当两分支井筒位于主井筒同侧时,等压线向分支井筒所在主井筒的一侧倾斜,形状近似于"底边水平的四边形"。

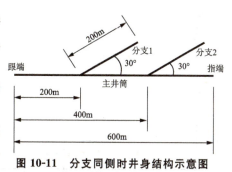

图 10-11　分支同侧时井身结构示意图

当两分支井筒位于主井筒异侧时,远离井筒的等压线分布基本呈现椭圆状,越靠近井筒,等压线分布越密集且形态越接近于"倾斜的四边形"。

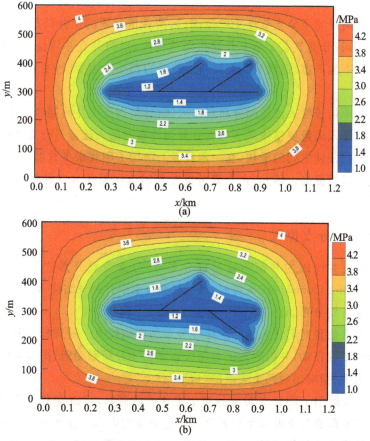

10-12　分支同侧与异侧分布对煤层气羽状水平井近井等压线分布的影响

(a)分支同侧分布时羽状水平井近井地带等压线分布图;

(b)分支异侧分布时羽状水平井近井地带等压线分布图

分支同侧与异侧分布对分支与主井筒单位长度入流量的影响见图 10-13。

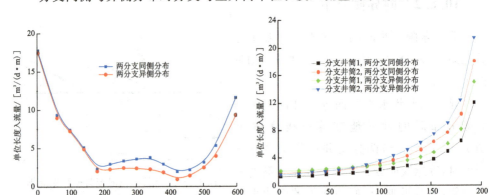

图 10-13　分支同侧与异侧分布对羽状水平井井筒入流剖面分布的影响

(a)主井筒；(b)分支井筒

在主井筒跟端至分支节点 1 的范围内，两种情况下的主井筒单位长度入流量分布大体相同；分支节点 1 至主井筒指端范围内，当两分支井筒位于同侧时，分支之间的干扰更为严重，造成分支井筒与主井筒的相互影响变弱，主井筒单位长度入流量较大。

分支井单位长度入流量的分布规律大体相同，当分支井筒同侧分布时，两分支井的单位长度入流量要整体低于分支井异侧分布时的入流量。分支井筒异侧分布可以减小分支井筒之间的干扰，在一定程度上增加了羽状水平井的泄气面积，有利于煤层气产量的提高。因此，在布置分支井筒时应尽量使分支井筒分布在主井筒的两侧。

10.6.3　分支位置

当两分支井筒以主井筒为轴对称分布时，分支节点分别位于距主井筒跟端 0m、150m、300m、450m 与 600m 处时，煤层气羽状水平井井身结构示意图见图 10-14。近井地带等压线分布如图 10-15 所示。

分支节点位置对羽状水平井等压线分布的影响较大。随着分支节点由主井筒跟端不断向指端移动，井筒附近的等压线逐渐由主井筒跟端圆、指端尖的"瓜子状"转变为跟端尖、指端出现两个尖点的"鱼形"。

图 10-16 给出了两分支对称分布于主井筒两侧时，仅改变分支节点位置对羽状水平井主井筒和分支井筒单位长度入流量分布的影响。分支节点位置对主井筒沿程单位长度入流量影响较大，随着分支节点由主井筒跟端不断向指端移动，峰值入流量从指端向跟端逐渐发生转变[图 10-16(a)]。

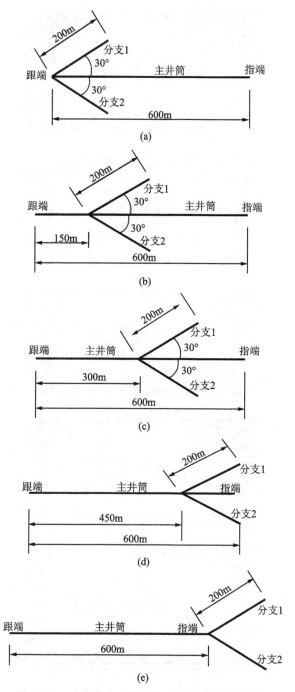

图 10-14　分支节点位置改变时的井身结构示意图

(a)节点距主井筒跟端 0m；(b)节点距主井筒跟端 150m；

(c)节点距主井筒跟端 300m；(d)节点距主井筒跟端 450m；

(e)节点距主井筒跟端 600m

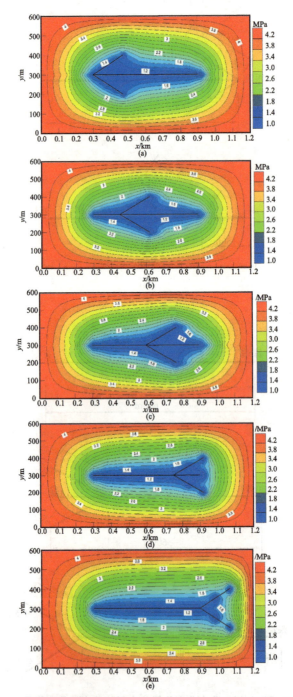

图 10-15 分支节点位置对羽状水平井近井地带等压线分布的影响

(a)分支节点距主井筒跟端 0m；(b)分支节点距主井筒跟端 150m；

(c)分支节点距主井筒跟端 300m；(d)分支节点距主井筒跟端 450m；

(e)分支节点距主井筒跟端 600m

由于两分支对称分布,两分支井筒的入流剖面基本吻合,仅以分支井筒 1 为例。分支井单位长度入流量也随着距离主井筒跟端距离的增加而逐渐增加,然而增长幅度逐渐降低。因此,科学合理地确定分支节点与主井筒跟端的距离可以有效改善主井筒和分支井筒单位长度入流量,提高多分支水平井整体利用效率和煤层气采收率。

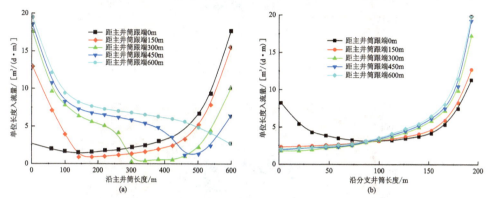

图 10-16 分支点位置不同时羽状水平井井筒入流剖面分布图

(a)主井筒;(b)分支井筒

10.6.4 分支长度

两分支井筒以非对称形式分布在主井筒的异侧,当分支长度分别为 50m、100m、200m 与 300m 时的井身结构参数如图 10-17 所示。分支长度对羽状水平井近井地带等压线分布的影响见图 10-18。

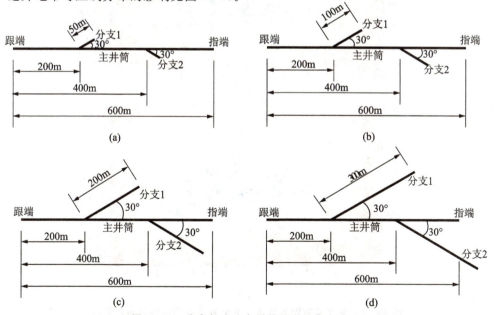

图 10-17 分支长度改变时的井身结构示意图

(a)分支长度 50m;(b)分支长度 100m;(c)分支长度 200m;(d)分支长度 300m

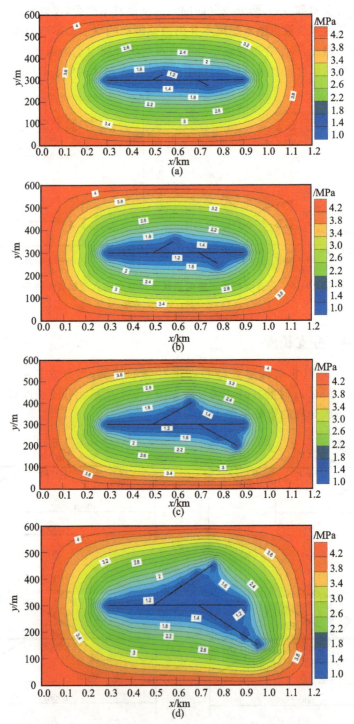

图 10-18　分支长度对羽状水平井近井地带等压线分布的影响

(a)分支长度 50m；(b)分支长度 100m；(c)分支长度 200m；(d)分支长度 300m

由图 10-18 可知,随着分支长度的增加,4 种压力场近井地带的等压线形状由扁长的"椭圆"逐渐过渡为倾斜的"三角形"。通过增加分支井筒的长度,可在一定程度上增强井筒与煤储层间的接触,提高泄气面积与分支产量,有利于煤层气井产量的提高。

图 10-19 给出了分支井筒长度对羽状水平井主井筒和分支井筒单位长度入流量影响的计算结果。

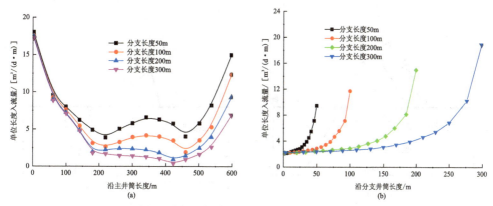

图 10-19　分支长度不同时羽状水平井井筒入流剖面分布图
(a)主井筒;(b)分支井筒

由图 10-19 可知,在主井筒跟端至分支节点 1 范围之内,分支井长度对主井筒径向入流量的影响不大;在分支节点 1 至分支节点 2 范围内,主井筒单位长度入流量随着分支长度增加而降低;在分支点 2 到主井筒指端范围内,随着分支井长度的增加,主井筒受到分支井的干扰逐渐加剧,主井筒单位长度入流量随着分支长度增加而不断下降。以分支井筒 1 为例,随着分支井长度的增加,分支井筒单位长度产气量逐渐提高。

10.6.5　分支夹角

图 10-20 给出了分支数为 2,分支长度均为 200m,两分支沿井筒非对称异侧分布,分支与主井筒夹角分别为 30°、45°、60°、75°时的详细井身参数。

图 10-21 为不同分支与主井筒夹角条件下的羽状水平井近井地带等压线分布情况。由图 10-21 可知,随着分支与主井筒角度的逐渐增加,近井地带的等压线分布由"不等边四边形"逐渐过渡为"等边四边形"。通过增加分支与主井筒的角度,可以减小分支井筒与主井筒之间的干扰,在一定程度上增加了羽状水平井的泄气面积,有利于煤层气产能的提高。

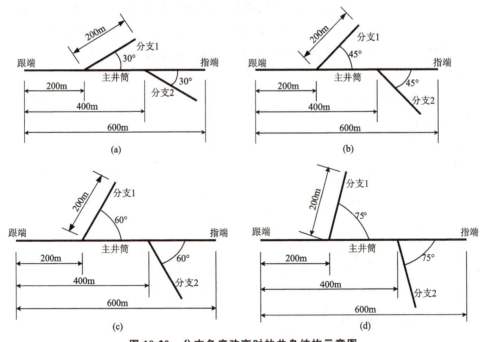

图 10-20　分支角度改变时的井身结构示意图

(a)分支夹角 30°；(b)分支夹角 45°；(c)分支夹角 60°；(d)分支夹角 75°

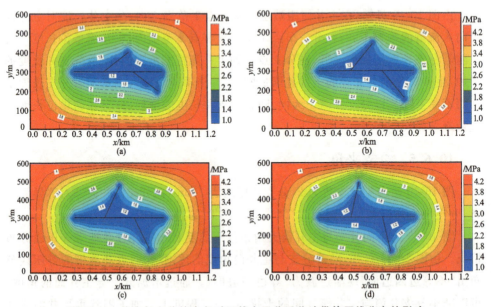

图 10-21　分支与主井筒夹角对羽状水平井近井地带等压线分布的影响

(a)分支与主井筒夹角 30°；(b)分支与主井筒夹角 45°；

(c)分支与主井筒夹角 60°；(d)分支与主井筒夹角 75°

通过改变两个分支与主井筒夹角得到羽状水平井主井筒与分支井筒单位长度入流量的变化规律(图10-22)。在主井筒跟端至分支节点1的范围内,主井筒单位长度入流量随着夹角角度的增加而有所降低;夹角大小对分支节点1至节点2之间区域的主井筒单位长度入流量无明显影响;在分支节点2至主井筒指端范围内,随着夹角角度的增加主井筒单位长度入流量逐渐提高[图10-22(a)]。

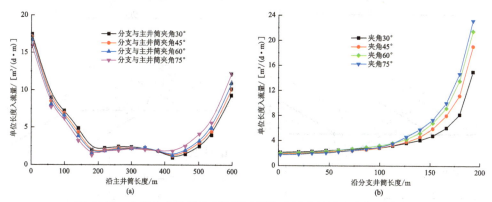

图10-22 分支与主井筒夹角不同时羽状水平井井筒入流剖面分布图
(a)主井筒;(b)分支井筒

分支井筒1与分支井筒2的沿程单位长度入流量变化规律基本相同,以分支井筒1为例,随着夹角角度的增加,分支井筒受主井筒的影响逐渐减弱,使得分支井单位长度入流量逐渐增大,可知提高分支与主井筒的夹角能适当提高分支井产气量。通过理论分析可知,当分支井与主井筒夹角达到90°时,煤层气羽状水平井泄气控制面积最大,对提高产气量最为有利,但是在实际设计过程中还需要考虑钻井、完井工具最小许可弯曲半径的影响。因此,在钻井和完井工具许可的条件下,增加分支井与主井筒间的夹角可以提高煤层气羽状水平井产能。

10.6.6 分支数量

井身结构基础参数:主井筒长600m,分支与主井筒夹角30°,分支井筒长为200m。分支数量为1时,分支节点位于距主井筒跟端300m处;分支数量为2时,分支节点1、节点2分别位于距主井筒跟端200m与400m处;分支数量为3时,分支节点1、节点2、节点3分别位于距主井筒跟端150m、300m与450m处;分支数量为4时,分支节点1、节点2、节点3、节点4分别位于距主井筒跟端120m、240m、360m与480m处。图10-23为分支数量从1增加到4的羽状水平井井身结构示意图。

分支井数量对羽状水平井近井地带等压线分布的影响见图10-24。随着分支数量由1增加到4,羽状水平井近井地带的等压线形状由三角形逐渐过渡为不规则的六边形。通过增加分支井的数量,可以增加井筒与煤储层间的沟通通道,扩大羽状水平井的泄气面积并提高煤层气产量。

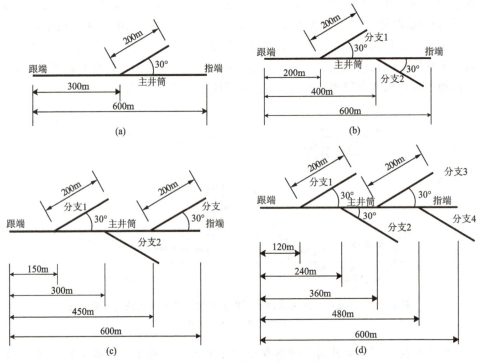

图 10-23　多分支羽状水平井结构和尺寸

(a)单一分支；(b)两分支；(c)三分支；(d)四分支

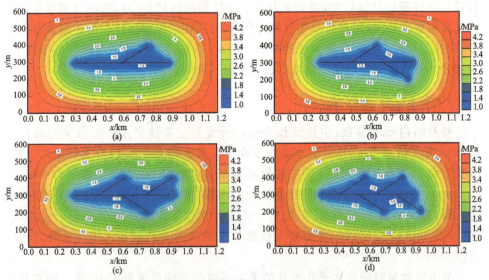

图 10-24　分支数量对羽状水平井近井地带等压线分布的影响

(a)单一分支；(b)两分支；(c)三分支；(d)四分支

由图 10-25(a)中的计算结果可知：随着分支数量的增加，主井筒受到分支井筒的干扰逐渐加强,主井筒单位长度入流量不断降低,并且分支节点位置处受到分支的影响逐渐降低,因为整个羽状水平井产量主要由分支贡献,主井筒贡献量较少。

以分支井筒 1 为例分析分支井数量对其沿程单位长度入流量分布的影响[图 10-25(b)],可知随着分支井数量的增加,沿程单位长度入流量的变化规律大体相同,但单位长度的入流量整体呈下降趋势;由单一分支增加到三分支时,单位长度入流量下降明显,然而由三分支增加至四分支时,单位长度入流量下降幅度显著降低。

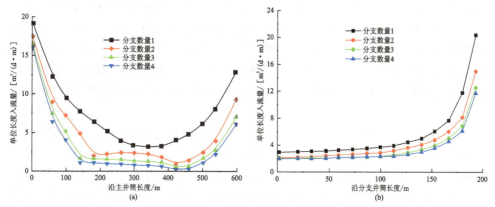

图 10-25 不同分支数量时羽状水平井井筒入流剖面分布图
(a)主井筒;(b)分支井筒

根据上述计算结果建议在煤层气羽状水平井设计过程中遵循以下原则:分支井应非对称异侧分布;分支点均匀分布在主井段上;在钻井和完井工具许可的条件下尽量增大分支井与主井筒间的夹角;分支长度越长越好,一般取为 1/2 井排间距,以保持井排间煤层连通;分支数量越多,越有利于提高整体产量和采收率,实际设计中还需要考虑时间和经济成本等因素的影响,最终确定出合理的分支个数。

10.7 本章小结

(1)本章基于势叠加原理建立了无限大地层羽状水平井渗流模型,结合微元线汇思想,考虑主井筒与分支井筒生产段沿程流动压降,建立了煤层气羽状水平井多段流动耦合模型。分析了分支对称性、分支同侧异侧分布、分支点位置、分支与主井筒夹角、分支长度与数量等参数对煤层气羽状水平井渗流场分布形态、主井筒与分支井筒入流剖面的影响规律。计算结果表明:本书建立的计算模型具有较高精度,可以满足实际工程需要。

(2)煤层气羽状水平井近井地带的等压线分布形态与其自身的井身结构有关,在远离羽状水平井井筒的区域,等压线的形状近似为椭圆,越靠近井筒,等压线的形状变化越剧烈;近井地带的等压线分布密集,越远离井筒等压线分布越稀疏。主井筒生产段入流剖面整体呈现两端高、中间低的特征,由于主井筒与分支井筒之间的相互干扰,在主支与分支井筒交汇点处,主井筒径向入流量出现局部下降。分支井生产段入流量沿程分布基本呈现跟端低、指端高、中间逐渐增大的特点。

(3)两分支井筒对称分布时,近井地带的等压线形状基本为椭圆状,越靠近井筒等压线越密集且分布形态越接近"左小右大的瓜子形",等压线以主井筒为对称轴呈现对称性。两分支井筒位于主井筒同侧时,等压线向分支井筒所在主井筒的一侧倾斜,形状近似"底边水平的四边形"。随着分支节点由主井筒跟端不断向指端移动,井筒附近的等压线逐渐由主井筒跟端圆、指端尖的"瓜子状",转变为跟端尖、指端出现两个尖点的"鱼形"。随着分支长度的增加,近井地带的等压线形状由扁长的"椭圆"逐渐过渡为倾斜的"三角形"。随着分支与主井筒角度的增加,近井地带的等压线分布由"不等边四边形"逐渐过渡为"等边四边形"。随着分支数量由1增加到4,羽状水平井近井地带的等压线形状由"三角形"逐渐过渡为"不规则的六边形"。

(4)两分支非对称分布时,主井筒单位长度入流量在分支位置处均出现了降低,而两分支对称分布时主井筒单位长度入流量在分支位置处显著降低,最小值基本接近于零。两分支井筒位于主井筒同侧时,分支之间的干扰加剧,使得分支井筒与主井筒的相互影响变弱,主井筒单位长度入流量较大。分支节点位置对主井筒沿程单位长度入流量影响较大,随着分支节点由主井筒跟端不断向指端移动,峰值入流量从指端向跟端逐渐发生转变。随着分支井长度的增加,主井筒受到分支井的干扰逐渐加剧,主井筒单位长度入流量随着分支长度增加而不断下降。两分支点将主井眼沿跟端至指端大体分为三个区域,随着分支与主支夹角的增加,三个区域内主井筒入流量分别呈现下降、保持不变、上升的特点。主井筒生产段沿程入流量随着分支井数量的增加而降低。

(5)分支井的单位长度入流量分布规律大体相同,且分支点越远离主井筒跟端单位长度入流量越大。当两分支井筒对称分布时,两分支的入流剖面大体相同。当分支井筒同侧分布时,两分支井的单位长度入流量要整体低于分支井筒异侧分布时的入流量。随着分支与主井筒夹角角度、分支长度的增加,分支单位长度入流量逐渐增大。分支井筒单位长度入流量随着分支数量的增加整体呈下降趋势,但下降幅度逐渐降低。

(6)分支井筒对称分布时,不利于分支附近主井筒的利用效率,降低了羽状水平井控制区域的煤层气抽采速率和采收率;分支井筒异侧分布可以减小分支井筒之间的干扰,在一定程度上增加了羽状水平井的泄气面积,有利于煤层气产量的提高。因此,分支井筒应采用非对称异侧分布方式。

(7)分支长度越长越好,一般取为1/2井排间距,以保持井排间煤层连通;在钻井和完井工具许可的条件下尽量增大分支井与主井筒间的夹角;分支数量越多,越有利于提高整体产量和采收率,实际设计中还需要考虑时间和经济成本等因素的影响,最终确定出合理的分支个数。

参 考 文 献

[1]Jiang Tingting, Zhang Jianhua, Wu Hao. Experimental and numerical on hydraulic fracture propagation in coalbed methane reservoir [J]. Journal of Natural Gas Science and Engineering, 2016(35):455-467.

[2]卢义玉,杨枫,葛兆龙,等. 清洁压裂液与水对煤层渗透率影响对比试验研究[J]. 煤炭学报,2015,40(1):93-97.

[3]Wu A J, Li X D, Yan J H, et al. Co-generation of hydrogen and carbon aerosol from coalbed methane surrogate using rotating gliding arc plasma[J]. Applied Energy, 2017(195):67-79.

[4]秦勇,申建. 论深部煤层气基本地质问题[J]. 石油学报,2016,37(1):125-136.

[5]Jiang Tingting, Zhang Jianhua, Huang Gang. Effects of fractures on the well production in a coalbed methane reservoir [J]. Arabian Journal of Geosciences, 2017(10):494.

[6]Jiang Tingting, Zhang Jianhua, Wu Hao. Impact analysis of multiple parameters on fracture formation during volume fracturing in coalbed methane reservoirs [J]. Current Science, 2017, 112(2):332-347.

[7]Jiang Tingting, Zhang Jianhua, Huang Gang, et al. Effects of bedding on hydraulic fracturing in coalbed methane reservoirs [J]. Current Science, 2017, 113(6):1153-1159.

[8]李晓红,王晓川,康勇,等. 煤层水力割缝系统过渡过程能量特性与耗散[J]. 煤炭学报,2014,39(8):1404-1408.

[9]李辛子,王运海,姜昭琛,等. 深部煤层气勘探开发进展与研究[J]. 煤炭学报,2016,41(1):24-31.

[10]孙东生,李阿伟,王红才,等. 低渗砂岩储层渗透率各向异性规律的实验研究[J]. 2012,27(3):1101-1106.

[11]Jiang Tingting, Zhang Jianhua, Huang Gang, et al. Experimental study on the mechanical property of coal and its application [J]. Geomechanics and Engineering, 2018, 14(1):9-17.

[12]姜婷婷,张建华,黄刚. 煤岩水力压裂裂缝扩展形态的试验研究[J]. 岩土力学,2018,39(10):3677-3684.

[13]姜婷婷,张建华,黄刚.不同层理方向的煤岩渗透特性研究[J].科学技术与工程,2017,17(17):206-211.

[14]赵益忠,曲连忠,王幸尊,等.不同岩性地层水力压裂裂缝扩展规律的模拟实验[J].中国石油大学学报:自然科学版,2007,31(3):63-66.

[15]蔺海晓,杜春志.煤岩拟三轴水力压裂实验研究[J].煤炭学报,2011,36(11):1801-1805.

[16]Dehghan A N,Goshtasbi K,Ahangari K,et al. Mechanism of fracture initiation and propagation using a tri-axial hydraulic fracturing test system in naturally fractured reservoirs[J]. European Journal of Environmental and Civil Engineering,2016,20 (5),560-585.

[17]贾长贵,李明志,邓金根,等.斜井压裂大型真三轴模拟试验研究[J].西南石油大学学报,2007,29(2):135-138.

[18]姜婷婷,杨秀娟,闫相祯,等.分支参数对煤层气羽状水平井产能的影响规律[J].煤炭学报,2013,38(4):617-623.

[19]Ma S,Guo J C,Li L C,et al. Experimental and numerical study on fracture propagation near open-hole horizontal well under hydraulic pressure[J]. European Journal of Environmental and Civil Engineering,2016,20(4):412-430.

[20]闫铁,李玮,毕雪亮.清水压裂裂缝闭合形态的力学分析[J].岩石力学与工程学报,2009,28(增 2):3471-3476.

[21]Jiang T T,Yang X J,Yan X Z,et al. Numerical simulation of coalbed methane seepage in pinnate horizontal well based on multi-flow coupling model [J]. Research Journal of Applied Sciences, Engineering and Technology, 2012, 4(16):2881-2889.

[22]邓广哲,王世斌,黄炳香.煤岩水力压裂裂缝扩展行为特性研究[J].岩石力学与工程学报,2004,23(20):3489-3493.

[23]Jiang T T,Zhang J H,Huang G,et al. Effects of bedding on hydraulic fracturing in coalbed methane reservoirs [J]. Current Science, 2017, 113 (6): 1153-1159.

[24]Jiang T T,Zhang J H,Wu H. Experimental and numerical study on hydraulic fracture propagation in coalbed methane reservoir[J]. Journal of Natural Gas Science & Engineering,2016(35):455-467.

[25]Jiang T T,Zhang J H,Wu H. Impact analysis of multiple parameters on fracture formation during volume fracturing in CBM reservoirs[J]. Current Science, 2017,112(2):332-347.

[26]Klawitter M,Esterle J,Collins S. A study of hardness and fracture propagation in coal[J]. International Journal of Rock Mechanics and Mining Sciences,

2015(76):237-242.

[27]Chuprakov D A,Akulich A V,Siebrits E,et al. Hydraulic-fracture propagation in a naturally fractured reservoir[J]. SPE Production & Operations,2011, 26(1):88-97.

[28]赵金洲,任岚,胡永全,等.裂缝性地层水力压裂裂缝张性起裂压力分析 [J].岩石力学与工程学报,2013,32(增1):2855-2862.

[29]程远方,吴百烈,李娜,等.应力敏感条件下煤层压裂裂缝延伸模拟研究 [J].煤炭学报,2013,38(9):1634-1639.

[30]赵立强,刘飞,王佩珊,等.复杂水力压裂裂缝网络延伸规律研究进展[J]. 石油与天然气地质,2014,35(4):562-569.

[31]许露露,崔金榜,黄赛鹏,等.煤层气储层水力压裂裂缝扩展模型分析及应 用[J].煤炭学报,2014,39(10):2068-2074.

[32]范铁刚,张广清.注液速率及压裂液黏度对煤层水力压裂裂缝形态的影响 [J].中国石油大学学报:自然科学版,2014(4):117-123.

[33]连志龙,张劲,吴恒安,等.水力压裂扩展的流固耦合数值模拟研究[J].岩 土力学,2008,29(11):3021-3206.

[34]Zhou F,Chen Z,Rahman S S. Effect of hydraulic fracture extension into sandstone on CBM production[J]. Journal of Natural Gas Science & Engineering, 2015,22(22):459-467.

[35]李玉伟,艾池,于千,等.煤层水力压裂网状裂缝形成条件分析[J].特种油 气藏,2013,20(4):99-101.

[36]Jiang J,Younis R M. Numerical study of complex fracture geometries for unconventional gas reservoirs using a discrete fracture-matrix model[J]. Journal of Natural Gas Science & Engineering,2015(26):1174-1186.

[37]李连崇,梁正召,李根,等.水力压裂裂缝穿层及扭转扩展的三维模拟分析 [J].岩石力学与工程学报,2010,29(增1):3208-3215.

[38]李玉伟,艾池.煤层气直井水力压裂裂缝起裂模型研究[J].石油钻探技 术,2015(4):83-90.

[39]黄浩勇,韩忠英,王光磊,等.压裂中顶底板对缝高控制作用的数值模拟研 究[J].科学技术与工程,2015,15(6):181-184.

[40]张华珍,王利鹏,刘嘉.煤层气开发技术现状及发展趋势[J].石油科技论 坛,2013(5):17-21,27.

[41]Jiang T T,Yang X J,Yan X Z,et al. Prediction of coalbed methane well production by analytical method[J]. Research Journal of Applied Sciences,Engineering and Technology,2012,4(16):2824-2830.

[42]Sinton J E. Accuracy and reliability of China's energy statistics[J]. Chi-

na Economic Review,2001,12(4):373-383.

[43]Andrews S P. China's ongoing energy efficiency drive:Origins,progress and prospects[J]. Energy Policy,2009,37(4):1331-1344.

[44]陆家亮. 中国天然气工业发展形势及发展建议[J]. 天然气工业,2009,29(1):8-12.

[45]齐求实. 煤炭行业政策扶持 煤层气迎来春天[J]. 国土资源,2012(6):19-21.

[46]夏彬伟,胡科,卢义玉,等. 井下煤层水力压裂裂缝导向机理及方法[J]. 重庆大学学报,2013,36(9):8-13.

[47]秦勇,吴财芳,胡爱梅,等. 煤炭安全开采最高允许含气量求算模型[J]. 煤炭学报,2007,32(10):1009-1013.

[48]Carr T R,Iqbal A,Callaghan N,et al. A national look at carbon capture and storage-national carbon sequestration database and geographical information system (NatCarb)[J]. Energy Procedia,2009,1(1):2841-2847.

[49]Laubach S E,Marrett R A,Olson J E,et al. Characteristics and origins of coal cleat:A review[J]. International Journal of Coal Geology,1998(35):175-207.

[50]Lekhnitskii S G. Theory of elasticity of an anisotropic body[M]. Moscow:Mir Publishers,1981.

[51]Salamon M D G. Elastic module of a stratified rock mass[J]. International Journal of Rock Mechanics and Mining Sciences & Geomechanics Abstracts,1968,5(6):519-527.

[52]席道瑛,陈林,张涛. 砂岩的变形各向异性[J]. 岩石力学与工程学报,1995,14(1):49-58.

[53]Talesnick M L,Bloch-Friedman E A. Compatibility of different methodologies for the determination of elastic parameters of intact anisotropic rocks[J]. International Journal of Rock Mechanics and Mining Sciences, 1999, 36(7):919-940.

[54]田象燕,高尔根,白石羽. 饱和岩石的应变率效应和各向异性的机理探讨[J]. 岩石力学与工程学报,2003,22(11):1789-1792.

[55]刘运思,傅鹤林,饶军应,等. 不同层理方位影响下板岩各向异性巴西圆盘劈裂试验研究[J]. 岩石力学与工程学报,2012,31(4):785-791.

[56]Kuruppu M D,Chong K P. Fracture toughness testing of brittle materials using semi-circular bend (SCB) specimen[J]. Engineering Fracture Mechanics,2012(91):133-150.

[57]孙东生,李阿伟,王红才,等. 低渗砂岩储层渗透率各向异性规律的实验研究[J]. 2012,27(3):1101-1106.

[58]俞然刚,田勇.砂岩岩石力学参数各向异性研究[J].实验力学,2013,28(3):368-375.

[59]衡帅,杨春和,曾义金,等.基于直剪试验的页岩强度各向异性研究[J].岩石力学与工程学报,2014,33(5):874-883.

[60]陈天宇,冯夏庭,张希巍,等.黑色页岩力学特性及各向异性特性试验研究[J].岩石力学与工程学报,2014,33(9):1772-1779.

[61]陈天宇,冯夏庭,杨成祥,等.含气页岩渗透率的围压敏感性和各向异性研究[J].采矿与安全工程学报,2014,31(4):639-643.

[62]侯振坤,杨春和,郭印同,等.单轴压缩下龙马溪组页岩各向异性特征研究[J].岩土力学,2015,36(9):2541-2550.

[63]衡帅,杨春和,郭印同,等.层理对页岩水力压裂裂缝扩展的影响研究[J].岩石力学与工程学报,2015,34(2):228-237.

[64]Hirt A M,Shakoor A. Determination of unconfined compressive strength of coal for pillar design[J]. Mining Engineering,1992(8):1037-1041.

[65]高文华.煤镜质组反射率各向异性特征在构造应力场分析中的应用[J].1993,12(2):81-85.

[66]闫立宏,吴基文.淮北杨庄煤矿煤的抗拉强度试验研究与分析[J].煤炭科学技术,2002,30(5):39-41.

[67]吴基文,樊成.煤块抗拉强度的套筒致裂法实验室测定[J].煤田地质与勘探,2003,31(1):17-19.

[68]颜志丰.山西晋城地区煤岩力学性质及煤储层压裂模拟研究[D].北京:中国地质大学(北京),2009.

[69]赵海燕,宫伟力.基于图形分割的煤岩割理 CT 图像各向异性特征[J].煤田地质与勘探,2009,37(6):14-18.

[70]宫伟力,李晨.煤岩结构多尺寸各向异性特征的 SEM 图像分析[J].岩石力学与工程学报,2010,29(增 1):2681-2689.

[71]李东会.煤储层各向异性波场模拟与特征分析[D].徐州:中国矿业大学,2012.

[72]刘恺德,刘泉声,朱元广,等.考虑层理方向效应煤岩巴西劈裂及单轴压缩试验研究[J].岩石力学与工程学报,2013,32(2):308-316.

[73]李玉伟.割理煤岩力学特性与压裂起裂机理研究[D].大庆:东北石油大学,2014.

[74]李丹琼,张士诚,张遂安,等.基于煤系渗透率各向异性测试的水平井穿层压裂效果模拟[J].石油学报,2015,36(8):988-994.

[75]贺天才,秦勇.煤层气勘探与开发利用技术[M].徐州:中国矿业大学出版社,2007.

[76]李雪,赵志红,荣军委.水力压裂裂缝微地震监测测试技术与应用[J].油气井测试,2012,21(3):43-45.

[77]祁满意.焦坪矿区煤层气井压裂裂缝扩展规律研究[J].煤炭工程,2014,46(7):91-93.

[78]王东浩,郭大立,计勇,等.煤层气增产措施及存在的问题[J].煤,2008,17(12):33-35.

[79]卞晓冰,张士诚,马新仿,等.考虑非达西流的低渗透油藏水力压裂优化研究[J].中国石油大学学报:自然科学版,2012,36(3):115-120.

[80]Khristianovich S A, Zheltov Y P. Formation of vertical fractures by means of highly viscous liquid[J]. The 4th World Petrol,1955(2):579-586.

[81]Perkins J k, Kern L R. Widths of hydraulic fractures[J]. Journal of Petroleum Technology,1961,13(9):309-390.

[82]Geertsma J, de Klerk F. A rapid method of predicting width and extent of hydraulically-induced fractures[J]. Journal of Petroleum Technology,1969,21(12):1571-1581.

[83]Nordgren R P. Propagation of a vertical hydraulic fracture[J]. Society of Petroleum Engineers Journal,1972(12):306-314.

[84]张琪.采油工程原理与设计[M].东营:石油大学出版社,2000.

[85]王艳丽.压裂压力曲线解释方法研究[D].东营:中国石油大学(华东),2007.

[86]Detournay E, Cheng A. Plane strain analysis of a stationary hydraulic fracture in a poroelastic medium[J]. International Journal of Solids and Structures,1991,27(13):1645-1662.

[87]黄荣樽.水力压裂裂缝的起裂和扩展[J].石油勘探与开发,1981(5):62-74.

[88]吴继周,曲德斌,孟宪军.水力压裂裂缝几何形态数值模拟的研究[J].大庆石油学院学报,1988,12(4):30-36.

[89]Behrmann L A, Elbel J L. Effect of perforations on fracture initiation[J]. Journal of Petroleum Technology,1991,43(5):608-615.

[90]阳友奎,肖长富,邱贤德,等.水力压裂裂缝形态与缝内压力分布[J].重庆大学学报:自然科学版,1995,18(3):20-26.

[91]申晋,赵阳升,段康康.低渗透煤岩体水力压裂的数值模拟[J].煤炭学报,1997,22(6):580-585.

[92]李同林.煤岩层水力压裂造缝机理分析[J].天然气工业,1997,17(4):53-56.

[93]邓金根,王金凤,闫建华.弱固结砂岩气藏水力压裂裂缝延伸规律研究

[J].岩土力学,2002,23(1):72-74.

[94]刘建军,冯夏庭,裴桂红.水力压裂三维数学模型研究[J].岩石力学与工程学报,2003,22(12):2042-2046.

[95]邓金根,蔚宝华,王金凤,等.定向射孔提高低渗透油藏水力压裂效率的模拟试验研究[J].石油钻探技术,2004,31(5):14-16.

[96]李玮,闫铁,毕雪亮.基于分形方法的水力压裂裂缝起裂扩展机理[J].中国石油大学学报:自然科学版,2008,32(5):87-91.

[97]朱君,叶鹏,王素玲,等.低渗透储层水力压裂三维裂缝动态扩展数值模拟[J].石油学报,2010,31(1):119-123.

[98]冯彦军,康红普.水力压裂起裂与扩展分析[J].岩石力学与工程学报,2013,32(增2):3169-3179.

[99]Hallam S D,Last N C. Geometry of hydraulic fracture from modestly deviated wellbores[J]. Journal of Petroleum Technology,1991,43(6):742-748.

[100]杨焦生,王一兵,李安启,等.煤岩水力压裂裂缝扩展规律试验研究[J].煤炭学报,2012,37(1):73-77.

[101]程远方,徐太双,吴百烈,等.煤岩水力压裂裂缝形态实验研究[J].天然气地球科学,2013,24(1):134-137.

[102]张旭,蒋廷学,贾长贵,等.页岩气储层水力压裂物理模拟试验研究[J].石油钻探技术,2013,41(2):70-74.

[103]Warpinski N R. Hydraulic fracturing in tight,fissured media[J]. Transactions of the American Institute of Mining,Metallurgical and Petroleum Engineers,1991(43):146-152.

[104]Akulich A V,Zvyagin A V. Interaction between hydraulic and natural fractures[J]. Fluid Dynamics,2008,43(3):428-435.

[105]雷群,胥云,蒋廷学,等.用于提高低-特低渗透油气藏改造效果的缝网压裂技术[J].石油学报,2009,30(2):237-241.

[106]陈作,薛承瑾,蒋廷学,等.页岩气井体积压裂技术在我国的应用建议[J].天然气工业,2010,30(10):30-32.

[107]陈守雨,刘建伟,龚万兴,等.裂缝性储层缝网压裂技术研究及应用[J].石油钻采工艺,2011,32(6):67-71.

[108]李宪文,张矿生,樊凤玲,等.鄂尔多斯盆地低压致密油层体积压裂探索研究及试验[J].石油天然气学报,2013,35(3):142-146,152.

[109]胡永全,贾锁刚,赵金洲,等.缝网压裂控制条件研究[J].西南石油大学学报:自然科学版,2013,35(4):126-132.

[110]侯冰,陈勉,李志猛,等.页岩储集层水力压裂裂缝网络扩展规模评价方法[J].石油勘探与开发,2014,41(6):763-768.

[111]郭鹏,姚磊华,任德生.体积压裂裂缝分布扩展规律及压裂效果分析——以鄂尔多斯盆地苏53区块为例[J].科学技术与工程,2015,15(24):46-51.

[112]林英松,韩帅,周雪,等.体积压裂技术在煤层气开采中的适应性研究[J].西部探矿工程,2015(4):59-61,66.

[113]Hasegawa E,Izuchi H. On the steady flow through a channel consisting of an uneven wall and a plane wall[J]. Bull. Jap. Soc. Mech. Eng. ,1983(26):514-520.

[114]Zimmerman R W,Bodvarsson G S. Hydraulic conductivity of rock fractures[J]. Porous Media,1996(23):1-30.

[115]Azzan H A,Chris C P,Carlos A G,et al. Navier-stokes simulations of fluid flow through a rock fracture[J]. Geophysical Monograph Series,2005(162):55-64.

[116]Giacomini A,Buzzi O,Ferrero A M,et al. Numerical study of flow anisotropy within a single natural rock joint[J]. International Journal of Rock Mechanics & Mining Sciences,2008(45):47-58.

[117]速宝玉,詹美礼,赵坚.仿天然岩体裂隙渗流的实验研究[J].岩土工程学报,1995,17(5):19-24.

[118]周新桂,操成杰,袁嘉音.储层构造裂缝定量预测与油气渗流规律研究现状和进展[J].地球科学进展,2003,18(3):398-404.

[119]郝明强.微裂缝性低渗透油藏渗流特征研究[D].北京:中国科学院研究生院,2006.

[120]冯金德.裂缝性低渗透油藏渗流理论及油藏工程应用研究[D].北京:中国石油大学(北京),2007.

[121]张允.裂缝性油藏离散裂缝网络模型[D].青岛:中国石油大学(华东),2008.

[122]黄世军,程林松,赵凤兰.基于多段流动耦合的鱼骨刺井近井渗流研究[J].武汉轻工大学学报,2009,28(3):26-29.

[123]杨坚,吕心瑞,李江龙,等.裂缝性油藏离散裂缝网格随机生成及数值模拟[J].油气地质与采收率,2011,18(6):74-77.

[124]程林松,皮建,廉培庆,等.裂缝性油藏水平井产能计算方法[J].计算物理,2011,28(2):230-236.

[125]刘应学,汪益宁,许建红,等.裂缝性低渗透双重孔隙介质产能动态数值模拟[J].石油天然气学报,2012,34(3):127-131.

[126]郑浩,苏彦春,张迎春,等.裂缝性油藏渗流特征及驱替机理数值模拟研究[J].油气地质与采收率,2014,21(4):79-83.

[127]左建平,谢和平,吴爱民,等.深部煤岩单体及组合体的破坏机制与力学

特性研究[J].岩石力学与工程学报,2011,30(1):84-92.

[128]Medhurst T P,Brown E T. A study of the mechanical behavior of coal for pillar design[J]. International Journal of Rock Mechanics and Mining Sciences,1998,35(8):1087-1104.

[129]张朝鹏,张茹,张泽天,等.单轴受压煤岩声发射特征的层理效应试验研究[J].岩石力学与工程学报,2015,34(4):770-778.

[130]Zhang G Q,Chen M,Liu X,et al. Relationship between rock compositions and mechanical properties of reservoir for low-permeability reservoirs[J]. Petroleum Science and Technology,2013,31(14):1415-1422.

[131]中华人民共和国行业标准编写组. SL 264—2001 水利水电岩石试验规程[S].北京:中国水利水电出版社,2001.

[132]陈治喜,陈勉,黄荣樽,等.层状介质中水力压裂裂缝的垂向扩展[J].石油大学学报:自然科学版,1997,21(4):23-26,32.

[133]楼一珊,陈勉,史明义,等.岩石Ⅰ、Ⅱ型断裂韧性的测试及其影响因素分析[J].中国石油大学学报:自然科学版,2007,31(4):85-89.

[134]Sih G C,Paris P C,Irwin G R. On cracks in rectilinearly anisotropic bodies[J]. International Journal of Fracture Mechanics,1965,1(3):189-203.

[135]Dai F,Xia K W. Laboratory measurements of the rate dependence of the fracture toughness anisotropy of Barre granite[J]. International Journal of Rock Mechanics and Mining Science,2013(60):57-65.

[136]张广清,陈勉,杨小远.裂缝宽度对岩石断裂韧性测试结果的影响[J].石油大学学报:自然科学版,2002,26(6):42-45.

[137]赵阳升.多孔介质多场耦合作用及其工程相应[M].北京:科学出版社,2010.

[138]Hossain M M,Rahman M K,Rahman S S. Hydraulic fracture initiation and propagation:Roles of wellbore trajectory,perforation and stress regimes[J]. Journal of Petroleum and Engineering,2000,27(3):129-149.

[139]Chong K P,Kuruppu M D,Kuszmaul J S. Fracture toughness determination of layered materials[J]. Engineering Fracture Mechanics,1987,28(1):43-54.

[140]衡帅,杨春和,曾义金,等.页岩水力压裂裂缝形态的试验研究[J].岩土工程学报,2014,36(7):1243-1251.

[141]衡帅,杨春和,张保平,等.页岩各向异性特征的试验研究[J].岩土力学,2015,36(3):609-616.

[142]朱宝存,唐书恒,颜志丰,等.地应力与天然裂缝对煤储层破裂压力的影响[J].煤炭学报,2009,34(9):1199-1202.

[143]唐春安.岩石破裂过程中的灾变[M].北京:煤炭工业出版社,1993.

[144]唐春安,王述红,傅宇方.岩石破裂过程数值试验[M].长春:吉林大学出版社,2002.

[145]Tang C. Numerical simulation of progressive rock failure and associated seismicity[J]. International Journal of Rock Mechanics and Mining Sciences, 1997,34(2):249-261.

[146]李根生,黄中伟,牛继磊,等.地应力及射孔参数对水力压裂影响的研究进展[J].石油大学学报:自然科学版,2005,29(4):136-141.

[147]魏宏超,乌效鸣,李粮纲,等.煤层气井水力压裂同层多裂缝分析[J].煤田地质与勘探,2012,40(6):20-23.

[148]王文东,赵广渊,苏玉亮,等.致密油藏体积压裂技术应用[J].新疆石油地质,2013,34(3):345-348.

[149]郭天魁,张士诚,葛洪魁.评价页岩压裂形成缝网能力的新方法[J].岩土力学,2013,34(4):947-954.

[150]Wang T T,Yan X Z,Wang J J,et al. Investigation of worn casing ultimate residual strengthen using arc-length algorithm[J]. Engineering Failure Analysis,2013 (28):1-15.

[151]宋志敏,孟召平.焦作矿区山西组二$_1$煤层含气量的控制因素探讨[J].中国矿业大学学报,2002,31(2):179-181.

[152]Zhang G Q,Chen M. The Relationship between the production rate and initiation location of new fractures in a re-fractured well[J]. Petroleum Science and Technology,2010,28(7):655-666.

[153]李相方,蒲云超,孙长宇,等.煤层气与页岩气吸附/解吸的理论再认识[J].石油学报,2014,35(6):1113-1129.

[154]Jiang T T,Yang X J,Yan X Z,et al. A study on numerical simulation of CBM pinnate horizontal well for near-wellbore seepage[J]. Research Journal of Applied Sciences,Engineering and Technology,2012,4(22):4791-4797.

[155]王永辉,卢拥军,李永平,等.非常规储层压裂改造技术进展及应用[J].石油学报,2012,33(S1):149-158.

[156]刘新福,綦耀光,胡爱梅,等.单相水流动煤层气井流入动态分析[J].岩石力学与工程学报,2011,30(5):960-967.

[157]姜永东,阳兴洋,熊令,等.多场耦合作用下煤层气的渗流特性与数值模拟[J].重庆大学学报,2011,34(4):30-36.

[158]卞晓冰,张士诚,张景臣,等.疏松砂岩稠油油藏压裂井裂缝参数优化新方法[J].中国科学:技术科学,2012,42(6):680-685.

[159]Siddiqui S,Hicks P J,Grader A S. Verification of Buckley-Leverett

three-phase theory using computerized tomography[J]. Journal of Petroleum Science and Engineering,1996,15(1):1-21.

[160]熊俊,刘建,刘建军,等.基于 Buckley-Leverett 方程的水气两相渗流理论[J].辽宁工程技术大学学报,2007,26(2):213-215.

[161]Lahivaara T, Huttunen T. A non-uniform basis order for the discontinuous Galerkin method of the acoustic and elastic wave equations[J]. Applied Numerical Mathematics,2011,61(4):473-486.

[162]姜婷婷,杨秀娟,闫相祯.非均质油藏水平井分段注水优化软件的开发[J].石油机械,2012,40(7):70-75.